湛庐CHEERS

与最聪明的人共同进化

HERE COMES EVERYBODY

CHEERS
湛庐

# 与情绪棕熊温柔相处

[日] 内田舞 著　于冠群 译

まいにちメンタル危機の処方箋

中国纺织出版社有限公司

测一测

# 你知道如何拥有稳定的情绪吗?

扫码加入书架
领取阅读激励

扫码获取全部测试题及答案，
一起读懂自己内心的情绪。

- 如何做能更有效地管理不开心的情绪?（单选题）

  A. 假装开心

  B. 把不开心看成小事一桩

  C. 把不开心合理化

  D. 坦然接受自己的情绪

- 以下哪项行为能更有效地安抚自己情绪?（单选题）

  A. 将很多小任务打包成一个大任务

  B. 减少休息时间，积极工作

  C. 寻找能给自己力量的人

  D. 减少与人交流的机会

- 人一旦感受到自己被否定，就会产生愤怒、焦虑等情绪，这时如何做有利于平复心情?（单选题）

  A. 拒绝接受对方的否定

  B. 表达自己与不好的事无关

  C. 承认出现的问题是客观的

  D. 承认自己做事一团糟

扫描左侧二维码查看本书更多测试题

年复一年，日复一日，每当我们身心疲惫的时候就会反复咀嚼的痛苦感觉，到底是什么呢？

或许，这就是我们自身的真实感受？

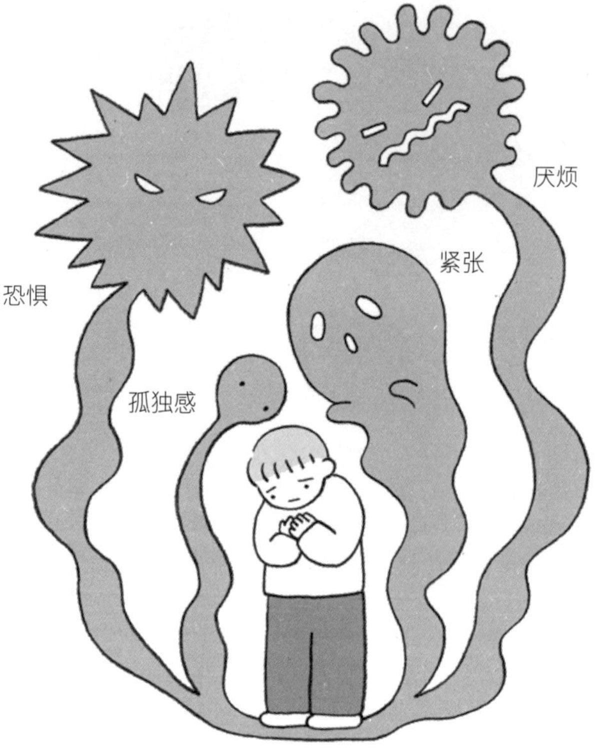

有一位精神科医生这样说：“其实，在我们内心某处的潜意识，一直在拼命地高呼着‘活下去’。”

潜意识时刻在提醒我们注意那些有着致命威胁的危险信号，并告诉我们如何来保命。比如：“有危险！快逃跑！”或者“开始战斗！”这就是我们本能的“战斗－逃跑反应”。

但这位医生还说过：“我们自身的感受或反应，或许与现实大相径庭。”

其实，有不少方法，可以使我们的感觉放松一些，避免随时可能发生的心理危机，从而使我们过上更加舒适而愉悦的生活。

# 情绪棕熊神出鬼没：在平凡的日子里慢慢崩溃

或许这样问有些唐突：你能描述一下自己当下的心境吗?

可能你会给出诸如此类的回答：

“公司里发生的那些破事儿，让我感到焦躁不安。”

“与家人和朋友之间的激烈冲突，让我心里像扎了根刺一样，一阵阵难受。”

“不经意间走进的小店，午餐好吃得出乎意料，一下子觉得心里暖洋洋的。”

……

也或许你在结束了一天繁忙的工作后，累得什么心情都没有了。

人活在世上，每天都会遇到各种各样的事情。

我们会感到高兴、难过，也会体会到如释重负的轻松感，或是徒劳无功的失落……人的情绪就是这样如棕熊出没，一直在不断变化、波动。其实，这是非常自然的事情。人应该习惯与自身各种各样的感受和谐共生。

不过，如果我们总是被情绪左右，任由消极情绪不断积累，那么压力就会成为威胁我们健康的隐患。在压力之下，很多人的心理变得越来越脆弱。正捧着这本书的你，是否也时常会产生“郁闷的情绪总是挥之不去！”“最近不知道怎么回事，脾气越来越暴躁！”“积累的压力让我快要爆炸了！”等可以称作心理危机的情绪呢?

如果你正面临以下任何一种情况:

- 想要在情绪崩溃之前及时打住，希望与自己的心灵好好相处。
- 急切地想要摆脱被不安、焦虑、愤怒等消极情绪支配的状态，渴望获得转机。

那么，本书就是为你量身定制的心灵指南。因为它可以帮助你拥有更好的生活，可谓一剂及时的“心灵处方”。

我现任美国麻省总医院儿童抑郁症中心主任，负责治疗儿童精神疾病，如抑郁症、双相障碍、焦虑症、注意缺陷多动障碍等。同时，作为哈佛大学医学院副教授、脑科学家，我还在研究儿童大脑中情绪调节的运行机制问题。

本书所介绍的“重新评估”，就是其中的一项研究。

重新评估是将消极情绪向积极方向引导的心理方法。简单来说，就是当我们产生消极情绪时，我们可以试着停下来，梳理当下的状态和情绪，并重新掌控自我。这是一种为了避免情绪失控和心理崩溃而主动进行情绪调整的方法。

我是一名精神科医生，又是脑科学家，所以本书所介绍的内容，基本上都是基于医学、心理学的专业观点。重新评估这一心理方法也是有科学依据的，比如，利用磁共振成像技术（MRI）对脑功能进行分析，以弄清楚产生情绪的杏仁核和负责逻辑思考的前额叶合作互动的情况。

但在本书中，我还是会尽量使用通俗易懂的语言，把那些实用的心理护理策略分享给有现实需求的人们。

人一旦陷入心理危机，光靠讲道理是无法解决问题的。比如，当我们被某人的一句无心之言刺痛，眼看情绪就要爆发的时候，却被要求先理智地思考一下：“从科学角度讲，大脑应该这样运作才对。好，那就这样做吧！”要做到这样，恐怕太难了，确实不好实现，对吧？

另外，再补充一下，这本书里并没有“只要做某件事，任何人都能立刻改变”之类的话。因为我们复杂而又细腻的内心世界，不可能像开关一样，只需一按，就能产生戏剧性的变化。实际上，只有将“必须改变”这种简单而急迫的心态，转变为从容不迫、顺其自然的心态，我们才能长久地维护自己的心理健康。

我想通过这本书分享给大家的，并不是一些纸上谈兵的理论，而是我从医学实践和生活点滴之中领悟到的启示。这些启示对于我们应对生活的挑战很有帮助。因为，我不仅是一名精神科医生，同时也是三个孩子的母亲。如果我的努力使你可以轻轻松松、毫无心理负担地翻阅本书，我将非常开心。

衷心希望那些一直挣扎在痛苦和纠结之中、纵使心力交瘁却仍然在顽强支撑的人们，通过阅读本书，心灵可以逐渐得到治愈。

まいにち
メンタル危機の処方箋

目　录

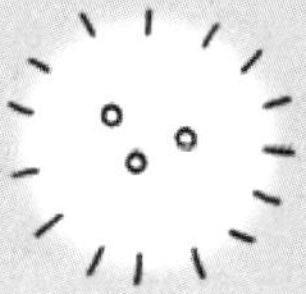

引 言

# 为什么大脑还在用石器时代的警报系统

人类，是与各种各样的情绪共生的。

心理学家罗伯特·普鲁契克（Robert Plutchik）在其1980年提出的情绪轮模型（Wheel of Emotions）理论中，将情绪大致分为52种。我想，即便这样细分，应该还是会有一些情绪类型，没有获得自己的“身份名片”吧？

我们既有突如其来、转瞬即逝的情绪，也有挥之不去、久久萦绕的情绪。不过我们大多数时候体会到的不单单是某一种情绪，而是复杂、混合的多种情绪。而且，这些不同情绪的强弱程度和比重分配会随着时间推移而不断发生变化。

情绪的独特之处在于，它往往是“先于思考、喷薄而出”的。没有人会在生气前还特意去想“现在的状况是我无法接受的，所以我要生气了”。愤怒如此，悲伤、喜悦等情绪亦然，总是在我们尚未意识到时就已涌现。比如我们有时会突然感到很幸福，有时却会没来由地一下子陷入无边的失落与愤怒之中。

## 人为什么会有这么多类型的情绪呢？

那么，人为什么会拥有这些有时不受控制，甚至会引起麻烦的情绪呢？

让我们想象一下：当我们独自登山，正顺利地往山顶进发时，突然从树荫下蹿出一只棕熊。此时，我们的大脑会产生什么反应呢？

在山里突然撞见熊时，人的大脑会高速运转。在察觉“眼前有一只棕熊”这一危险信号的刹那，大脑杏仁核中的神经细胞就会立刻全副武装起来，瞬间产生“太可怕了！”的反应。与此同时，脑干会对这种恐惧与不安做出回应，于是我们感到呼吸急促、心跳加速。也就是说，我们的情绪会对此时的状况瞬间做出“可怕！危险！”的判断。而正是因为“恐惧、不安”这些消极情绪最先产生，我们才能马上采取行动，以确保自身的安全。

如果在遇到棕熊的时候，我们没有产生以上这些情绪反应，那么结果恐怕就不堪设想了。这么一想，我们

太可怕了！
!!

就能明白，那些被视作麻烦的消极情绪，有时其实是协助我们活下去的重要工具啊！

情绪是能够“在瞬间对状况做出评估”的法宝，是人类在进化过程中，为了生存和繁衍而发展出来的一种重要心理反应机制。

人类情绪的组成大致是这样的：为了生存和繁衍而产生积极情绪，对威胁到生存和繁衍的事情产生消极情绪。

## 进化留给我们的生存礼物

至此，我们介绍了关于情绪的优点。但在现实生活中，我们常常会有“被情绪折腾”的经历。为什么情绪有时会对我们产生不好的影响呢？

对于“在山上偶遇棕熊时，大脑迅速感知危险，激发恐惧情绪，并促使我们采取逃跑行动”这样的判断和反应，估计人们会百分百赞同。但对于当今时代而言，在我们的日常生活中，几乎不会再发生像远古时期遭遇猛兽突袭这样的生存危机了。

这就是我们有时会被情绪耍得团团转，却无法把握住它们感到苦不堪言的原因之一。现如今，尽管我们已经几乎不会面临直接的生存危机，但我们的情绪却仍旧遵循“狩猎为业，洞窟为居”时代的判断标准，即“是否有利于短时间内的生存和繁衍”。也就是说，我们的大脑，还依然保留一种机制：通过产生消极情绪来规避各种可能危及生命的事件。

我们大脑的进化速度，并没有跟上时代更迭和文明发展的速度，它至今仍保留着一些早期形成的机能。然而，对于当今生活而言，与“为短时间内规避危险而服务的消极情绪”相比，我们更需要有“用长远的眼光对事物进行客观理性判断”的能力。所以，大脑的运作方式与现实需求存在偏差，导致我们有时做出的判断并不准确。

如今，我们在日常生活中所产生的消极情绪一般与生存无关。事实上，消极情绪大都源于一些刚刚开始、尚无定数的事情。

比如，在育儿过程中，我们时常会疑惑："我是不是太溺爱孩子了？""换一种教育方式会不会更好？""这样做将来会不会后悔啊？"……这些思绪逐渐侵蚀我们对育儿方式的自信，使我们总被焦虑不安所笼罩。但实际上，育儿方式是否正确根本就没有明确的答案，我们的判断与行动是否正确，也无法立刻得到验证，对吧？

同样，"该选择哪份工作？""团队内的人际关系该如何维系？""该谈一场怎样的恋爱？""该为养老存多少钱？"之类的问题，也都没有标准答案。深入思考这些问题，只会令人产生焦躁不安的消极情绪，因为它们都属于很难明确抉择，又无法马上解决的问题。面对这些问题，人们往往会陷于纠结，结果便容易长期感到闷闷不乐。这其实就是心理危机出现的根本原因。

## 重新评估：给原始本能安装“认知滤镜”

纵使我们知道情绪自身并不能完全有效地做出适应现代社会的判断，但也很难将其消除。因为情绪作为一种人类在进化过程中以生存为目的而获得的机能，就像心脏会自主跳动一样，也是自然而然产生的。

因此，对情绪进行重新评估尤为必要。即我们需要结合当前的实际情况，判断已产生的情绪是否合理。

这样做，我们就能够把握“我是否有必要持续感受这种情绪？”以及“感受到什么程度？”从而在某种意义上实现对自身情绪的有效控制。

再借用一下前文“偶遇棕熊”的例子，我们在一瞬间不受控制地产生了“恐惧”这种情绪。但如果能结合当时的情境，理智地思考一下“真的那么可怕吗？”“有必要感到如此恐惧吗？”等，就能对自己的情绪进行客观地判断和调整，从而减轻恐惧，甚至这种恐惧可能会转化为其他的感觉。同样，在日常生活中，当我们需要缓解消极情绪、转换角度思考时，“关注自己当前的情绪并进行重新评估”就是一个非常有效的方法。

再强调一下，在现在的日本，在路边忽然碰到一只熊的情况并不多见。就算是遇到了“熊”，那多半也是穿着玩偶服的人扮演的；而像熊一样令我们恐惧或焦虑的事物，或许只是其他一些无关紧要的小事。

不过幸运的是，尽管人类仍保留了情绪这些原始机能，但现代社会也赋予了人们停下来梳理问题并思考的能力。比如，人们现在已经学会了客观自我觉察，会问自己：“我现在是什么样的心情呢？”

正是因为我们生活在平时不用被生存危机威胁的时代，我才更希望人们能够常常运用和锻炼自己的“思考能力”。本书的目的就是揭示现实生活中那些对我们造成威胁的“熊”的真面目。只有深入了解这些威胁的本质，我们才能保持良好心态、实现健康生活。

## 试着对情绪所捕捉到的事物进行客观观察

第 1 章

# 发现你的情绪棕熊

## 尝试关注内心

重新评估是一种尽可能将消极情绪向积极方向引导的心理学方法，被认为是一种科学有效的认知行为疗法，正逐渐被大众所了解。

如引言所述，情绪是大脑对当下情境进行瞬时判断后的产物。也就是说，当某件事情发生时，情绪是大脑对该事件的最初“评价”。在此基础上，人们对情绪进行客观梳理和调整，并对事件再次评价的行为，即重新评估。

在日常生活中，突如其来的情绪常常显得过于强烈，有时甚至还会使人们对事件产生误判。不时被这些情绪折磨，成为我们内心苦闷的原因之一。重新评估，要求人们暂时停下来，重新审视自己的情绪，客观地评判这些情绪并进行调整。这是引导人们心态回归稳定的有效手段。

但是，有些人对“评估”这个词可能会有一些抵触，因为在日常生活中，“评估”“被评估”这些词语会让人感到不自在，甚至有人会对这些词产生负面印象。

就客观梳理并进行调整的意义来说，重新评估也可以被理解为“自我内心监测”。因此，在本书中，我决定使用“监测”这个词进行表述。

其实，我们不必过于纠结使用哪个词语进行表达，关键在于“如何捕捉自身的情绪”。这就要求我们先从“关注自己的情绪，全神贯注地觉察它，并试着监测它”开始。

当负面情绪出现时，监测的机会就来了。希望你能成功捕捉到它。

## 进行情绪监测

现在，让我们开始学习情绪监测的具体方法吧！在现实生活中，我进行情绪监测的基本流程是这样的：

**情绪监测的第一步是“关注情绪”。**

如果能捕捉到自己的情绪，就可以认为自我监测非常成功！不过，这看似简单实则重要的事情，真正操作起来却相当有挑战性。

比如，当我们感到烦躁的时候，往往在意识到“我现在很烦躁”之前，可能已经不自觉地狠狠地摔过门，抑或用粗暴的言辞回应了他人。

产生情绪
↓
思考
↓
行动

从产生情绪到付诸行动，本该按上述顺序进行。但有时由于情绪过于强烈，我们往往会跳过关注情绪和思考情绪的步骤而贸然采取行动。令人意外的是，事实证明，即便对他人情绪变化非常敏感的人，也往往容易忽视对自己情绪的觉察。

当我们察觉恐惧、愤怒、焦虑、嫉妒、烦躁、紧张等那些令自己并不愉快的情绪涌上心头时，最重要的行动就是停下来，告诉自己：“现在正是情绪监测的好时机！”

刚开始的时候，要做到这一点可能会有些困难，但请运用我们的意志力，敦促一下自己：“快来捕捉当前的情绪！”“快关注一下自己的内心！”请相信，哪怕我们只做出一丁点儿努力，也会与之前被情绪捉弄的状态大有不同！

**在这个岔路口，选择哪条路才不会后悔呢？**

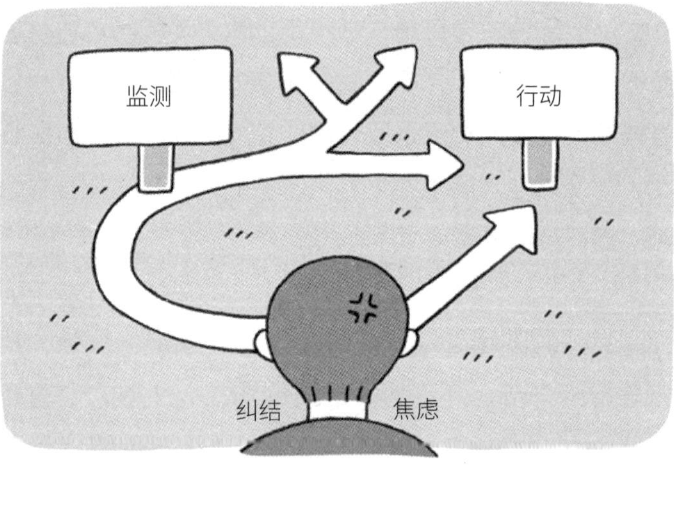

## 不否定自己的情绪

在捕捉自己的情绪时，最重要的一点是不要否定已经产生的情绪。

我们常常会给自己的情绪贴上“好”“坏”“令人羞耻”等标签，所以格外容易将消极情绪视为“不该产生的情绪”，并在心里琢磨，要是没有它们该多好。这可能是因为我们性格中的温柔与严谨，也可能是过去生活经验所形成的习惯。但是请记住：“不否定和抗拒自己当前的情绪”真的很重要。强行压抑情绪不仅消耗我们的能量，还无益于情绪的健康发展。那些被粗暴压制的情绪，并不会随着时间的流逝而消散殆尽。它们会日积月累，给心理造成长时间的负担，最终只会触底反弹，突然爆发。除此之外，长期压抑情绪产生的压力还可能会对身体造成影响，比如头晕、腹痛等。

心理学中有一个术语叫“全然接受”（radical acceptance），指的是对发生在自己身上的事情或面临的境遇不做“好”或者“坏”的评判，而是以“事实就是如此”的态度，坦然接受它们。

当令人讨厌的事情刚刚发生时，人们的第一反应是否定，于是“不愿承认和接受”的情绪就会持续发酵。而如果发生过的事情暂时没有被接受，我们接下来又该怎么做呢？会不会因此陷入困境，使前进变得困难起来呢？答案是既不要肯定也不要否定，只是承认发生的事实，这才是我们继续前进的起点。

当觉察到情绪出现时，不要马上给它们贴上标签。不要试图把它们看成小事一桩，或者掩盖起来假装它们从来没存在过。也就是，既不肯定也不否定。只是坦然地接受自己的情绪，承认“这样的情绪产生了”这一事实就可以了。以上就是情绪监测工作的第一步。

当然，在做到“全然接受”之后，如果觉得“我现在不想思考这件事情”，也是完全可以的。因为有时候，“现在没空思考”这件事本身，恰恰可能就会变成解决问题的契机。

**先把当前所有的情绪，都稍微放放吧**

**情绪监测的第二步是“用语言描述情绪”。**

在第一步中，我们完成了对自己情绪的觉察。在接纳情绪的存在之后，接下来，让我们观察一下这些情绪。

请试着问问自己：

“我现在感受到的，到底是一种什么样的情绪呢？”
“愤怒、焦虑、执着，还是孤独？”
“之前我是不是也有过类似的情绪体验？它与哪一种情绪类似呢？”
“我的这种情绪有多强烈呢？”
……

从各个角度观察自己的情绪之后，请试着用语言描述它们，就好像给它们命名一样。在心理学上，这种行为被称作“情绪标签化”。

一开始，想要用语言准确地描述我们捕捉到的情绪或许会有些困难。在这种情况下，我们可以先试着使用一些熟悉的词语来概括，比如问问自己：“我现在感到的是愤怒、焦虑，还是嫉妒？”在描述的过程中，如果遇到“这感觉有点像生气，但好像又不太一样……”这种模糊不清的情况时，请不要打退堂鼓，而是勇敢地面对自己当下的情绪，努力去描述它们，直到找到越来越准确与清晰的表达。另外补充一点，情绪不一定只用一个词语来描述，好几种情绪交织在一起的情况也是十分常见的。

对了，要提醒你的是：在描述情绪时，非常重要的一点，就是一定不要否定自己的情绪。因为，如果不打消类似“我竟然在嫉妒，这也太卑鄙了！”“我才不会产生那样肮脏的情绪呢！”这样的念头，就无法觉察到自己真实的情绪。我们并不需要将自己的情绪公之于众（当然，也可以选择向别人倾诉），所以请悄悄地、真诚地与自己的内心对话吧！让我们像观察另一个人的内心一样，努力把自己现在所感受到的情绪用语言描述出来。

当我们脱口而出“啊，对了！原来我感受到了××的情绪！”时，即使引起这种情绪的问题还没有得到解决，我们的内心也至少能够感到轻松一点。虽然这听起来似乎有些不可思议，但是在我们用语言描述并命名自己的情绪之后，之前模糊不清的内心世界就仿佛拨云见日，情绪的真面目赫然显现，我们也会不由自主地长舒一口气，内心逐渐变得安定和平静。

**情绪监测的第三步是“分析情绪产生的原因”。**

**从直面自己的情绪开始吧**

如果能给情绪命名，那么我们不妨思考一下，这种情绪究竟是源自何种想法或经历呢？让我们探究一下它产生的原因吧。

我们可以问问自己：

“为什么我会产生这种情绪呢？”

“我是受到自己哪些经历或想法的影响，而产生了这种情绪呢？”

“我究竟在抵触什么？我是想保护自己免受什么样的伤害呢？”

人们感受到愤怒、不安、悲伤、嫉妒、孤独等消极情绪，不仅仅是因为眼前发生的事情。这些情绪产生的根源，实际上是隐藏在人们心底的那些复杂的联想与顾虑。它们可能是“做人就应该这样”之类固有的价值观念，也可能是“想要维护自己的尊严”“希望家庭能够和睦”这类强烈的愿望。此外，某些特殊的经历和心理创伤也可能导致人们产生一些不必要的心理负担。

在实际进行情绪监测时，可以同时进行第二步和第三步的操作。当然，两个步骤的顺序也可以灵活调换。有时先分析我们情绪产生的原因，反而能更好地将自己的情绪用语言表达出来。

**情绪监测的第四步是“扭转消极情绪的行动”。**

在情绪监测的最后，我们需要思考的是，当产生那些讨厌的消极情绪时，自己该如何应对。即设想一下，如果事情已经发生，我们该采取怎样的行动。

我们可以通过回答以下几个问题，来帮助自己思考合适的应对方式：

“我目前认为是 ×× 的。但这真的正确吗？有根据吗？”

“站在对方的立场来看，该如何评价这件事？”

“导致现在发生的这种情况，还有其他原因或理由吗？”

“我真的有必要产生现在这种情绪吗？”

“我本来是想做什么，才导致事情发展成了现在的样子？”

“我想怎样做？我希望对方怎样做？”

“如果做 ×× 的话，我或我重视的人会感到幸福吗？”

下面，让我们通过一个小的情景剧，来练习一下情绪监测的四步方法吧！

假设：你和朋友约好今天中午一起吃饭，但是到了约定时间，朋友却迟迟没有出现，电话打不通、信息也不回，你心里开始感到烦躁。五分钟后，朋友才急急忙忙地从远处跑来。你看到他后，埋怨的话都提到嘴边了，此时……

此时你该怎样做？对了！此时开始试着进行情绪监测吧！请思考一下使自己愤怒的，到底是“这都能迟到！他是不是根本就不期待和我见面！”，还是“迟到了也不说一声，他是不是不尊重我，不珍惜我的时间？”，抑或是“这下耽误了去餐厅的时间，万一没有好座位怎么办？”

现在，让我们开始阶段 4 的行动。为了采取更合适的行动，让我们更深入地思考一下：

“朋友之所以迟到，是因为不期待和我见面吗？”

↓

“明明可以一开始就拒绝我的邀请，他却努力来了，这说明他应该是期待这次约会的。说不定为了腾出时间赴约，他还加快了上午的工作进度。有时候，努力守时也会迟到。”

---

“朋友是不尊重我的时间吗？”

↓

“也许他为了能尽快赶到，连手机都来不及看。”

---

“店里可能没有合适的位置了。”

↓

“现在焦虑也无法阻止这种情况的发生。”

当然，你不必担心自己可能没办法一下子考虑那么多，我只是举例而已。平时，我们只需结合实际情况，哪怕只是思考其中的一两个问题，也能够帮助我们缓和情绪，避免说出一些伤人的话语。

如果能够有效进行情绪监测，我们就可以更冷静地表达自己的情绪，培养“没必要那么生气”的心态，从而维护双方的关系。当我们意识到“本来想和朋友享受一段愉快的午餐时光，如果因为朋友迟到而发火，那么只会导致事与愿违”后，心态是不是就突然变得平和了呢?

棕熊小贴士

## 生气是正当的防卫机制

假如你和朋友一起吃饭，对方却一直坐在对面低头玩手机。你应该怎样做?

善解人意的你要进行情绪监测了，于是你在心里想：“唉，我本来想和他度过一个愉快的中午，别因为这个事儿发火了。我不生气，我不生气……”不，这种情况下你完全可以发火!

情绪监测可以帮助我们平息怒火，也可以让我们意识到“在这种情况下，可以生气”。如果你压抑内心的不满，那么对方的不当行为就可能会一直持续。你恼怒的情绪也不会消失，还容易转化为一些与此事无关的抱怨，诱发你说出一些伤害对方的话。

所以，我们接纳并认清自己的情绪是很重要的。通过情绪监测，如果我们感到对方没有尊重自己，就需要将这份不满表达出来。

## 棕熊出没注意：职场篇

也许你在工作中遇到过这样的情形：领导总是板着脸；有时想和领导商量事情，但感受到他身上散发出的那种匆匆忙忙的气息，就总也张不开口；公司的氛围也不怎么样，同事们满腹牢骚；自己的消极情绪好像也日渐堆积……

环境氛围会对我们的心理健康产生很大影响，但在现实生活中，很多环境影响因素并不是我们能控制得了的，这是真正令人心烦的地方。所以我们平时最好不要

让自己置身于消极的环境中，并尽量远离那些散发负能量的地方和人。但是，当这个环境是公司或者家庭时，想要避开就有些困难了。在这种情况下，我们该怎样做呢？

我的建议是先试着认真分析一下自己对领导的真实感受。比如，当我们有事情需要和领导商量，却犹犹豫豫、迟迟不敢开口时，内心的真实感受是什么？

- 恐惧：害怕汇报工作时被领导责骂。
- 失望：明明想要认真完成工作，但得不到领导的认可、指导或帮助。
- 焦虑：向领导请示问题时，对方频频叹气，让人感到焦虑不已。

试着把这些在面对令人不悦的领导时，没办法继续保持平和心态的情绪用语言描述出来。让我们想一想，在这些消极情绪的背后，到底隐藏着怎样的顾虑呢？

我们不想面对领导，或许是因为曾经在众人面前被训斥，害怕再次体验那种尴尬和羞耻；或许是曾被领导无情敷衍，不愿再用热脸去贴冷屁股；或许仅仅是我们对领导可能的反应下意识做出了负面预判，认为“领导应该会……”也可能是害怕被领导讨厌，影响自己的业绩考核……这些顾虑、担忧以及先入为主的判断，都有可能放大我们在面对领导时的恐惧和沮丧情绪。

就像上面列举出几种可能性一样，请试着认真分析一下诱发自己消极情绪的原因，找出隐藏在背后的根源。然后回顾一下我们之前的应对方式，想想今后再遇到类似的情况，怎样处理效果会更好，就可以了。

这个时候，希望大家一定要记住：哪怕我们看起来处于自己无法掌控的环境中，无法一下子解决所有问题，但在大部分情况下，总能找到一些方面，是我们可以主动做出改变的。

我们的确无法改变领导的火爆脾气，也很难对领导的脾气做出客观评判。所以，当我们为人际关系感到苦恼时，不妨简化思维，假设自己是第一次与对方接触，“完全不了解这个人”这样的心态能够对我们解决问题起到非常重要的作用。毕竟，同样的行为，在某些人身上可能只是情绪爆发的产物，而在另一些人那里，却可能是他们的常态。因此，领导是否真像我们想象的那般不近人情，这个问题便有了探讨的价值。

而且，领导着急上火的根本原因是什么，我们其实也说不准。比如，当我们以为领导是因为对我们的工作不满意而生气时，也许他的郁结源于自己的家庭纠纷，与我们根本没有什么关系。所以，我们只要每天按时按量完成本职工作，问心无愧地下班回家就好。这样想，能不能缓解你心中对领导的恐惧和厌恶，继而产生别样的情绪呢？哈哈，可能也够呛。但不可否认的是，对他人行为的归因，会影响我们的心态。如果我们能想到“领导生气和我没有关系”，那么至少可以减轻我们的心理负担。

虽然我们无法改变领导令人无法亲近的性格，但是如何应对领导的坏脾气，以及该采取怎样的行动，是我们可以说了算的。

工作时，如果我们总是关注领导的脸色变化，时刻揣测他的心情好坏，便很难使自己的心态保持平和。所以，我们不妨把注意力更多地集中于“全力完成自己的工作”和“努力提高自己的工作效率”上，这样才会有利于保持良好的心态。当你感到“领导的那个态度也太烦人了”或者“今天领导心情又不好了！”时，可以试着在心里念叨：“他不高兴又不关我的事。每个人都该为自己的情绪负责，所以我也没必要讨好他。”“好吧，还是继续好好干活儿吧！”如果能够这样想，领导惹人厌烦的态度反而会变成我们将注意力重新聚焦于工作的催化剂。

棕熊小贴士

## “战斗”或“逃跑”之外的更优选

有个心理学术语叫“战斗－逃跑反应”。在过去，我们被逼入绝境时，确实需要面对这道严肃的单选题。但是，如今已不是那个常常会出现生存危机的时代了，所以我们也很少需要真正面对“战斗”或“逃跑”的抉择。同样地，对待那些我们讨厌的领导，我们除了选择尽可能与之保持距离（逃跑），或是选择针锋相对（战斗）外，还有更积极的第三条道路可以走，那就是“专注于工作”。

有时当我们重新审视并调整自己的情绪之后，会发现手头的某个问题确实很重要，必须跟领导当面汇报。这时，我们需要注意，不要被自己内心的消极情绪牵着走，否则很容易陷入“战斗”或“逃跑”的困境。在这种情况下，我们应该把控局面，理性地梳理一下自己被情绪牵着鼻子走的思绪。如此一来，我们能更清楚地认识到接下来该如何行动，才能有利于获得或维持自己期望的工作环境。无论我们和领导对话的结果如何，每一次这种与自己内心交流的过程，都会成为我们人生的宝贵财富。

## 棕熊出没注意：亲子篇

与孩子相处时，你是否遇到过如下难题：正在家里加班，思绪却被孩子完全占据，导致工作毫无进展。为了尽快完成工作，你想让孩子赶紧上床睡觉，可孩子根本不听你的话，一边洗澡一边玩个不停，迟迟不肯从浴室里出来。最后，你终于忍无可忍，大发雷霆，结果孩子被吓得大哭起来……

与孩子相处，有时哪怕我们严厉地命令他们“赶快去洗澡！”或者“立刻上床睡觉！”，他们也有可能不会按我们说的乖乖去做。到头来，我们又是发火又是训斥，事态反而恶化了。不过我很能理解，尽管我们每个人都知道发火不是解决问题的好办法，但在繁重的工作压力下，不少人还是会不由自主地暴躁起来。

谁都或多或少有过这样的经历：重要工作的截止日期迫在眉睫，在不安与焦虑情绪的挟持之下，我们愈发想要赶快扭转局面。这时，但凡碰到一点儿不如意的状况，我们就会变得更加烦躁。

人在烦躁的时候，脑海里容易浮现出各种各样的负面想法。比如，当孩子一直不收拾房间的时候，我曾冒出过这样的想法：“孩子们不听我的话，是因为不尊重我。”让我们以这个经历为例，进行一下情绪监测。

让我们和自己的内心对话：

“孩子们不听我的话，真的是因为他们不够尊重我吗？”

↓

“现在，我真的有必要感受这种烦躁的情绪吗？”

↓

“现在这个状况下，我最迫切的需求是让孩子们听我的话还是让他们收拾房间？”

在自问自答中，我们就会逐渐冷静下来，刚才的疑虑也开始有了理性的解答：

“孩子不尊重我！”

↓

“孩子只是玩得太忘我了，意犹未尽。他们玩个不停与是否尊重我之间没有关系。”

---

“孩子不听我的话！”

↓

“我真正的目的是让孩子们收拾房间，而不是听我的话。那就思考一下该如何让孩子们产生想要收拾房间的想法吧。”

我们被消极情绪左右时，会容易发火、叱责他人甚至哭泣，希望无论如何也要让导致自己不开心的人或事按自己的想法做出改变。发脾气有时候确实奏效，但并不是解决问题的正确方法。正确的应对方式是：在消极情绪产生时，立刻让自己停下来思考一下这种情绪产生的原因，以及我们期望达到的效果和目标。当我们梳理清楚这些问题之后，心态可能会稍微放松一些，同时也会在思考中逐渐找到合理有效的解决办法。

再回到“孩子不收拾房间”的例子中。此时，我们可以尝试从孩子的视角来看待问题，也会对问题的解决十分有帮助。比如：

“孩子现在是什么感受？”

“如果我站在孩子的立场上，
我希望听到什么样的话？”

在亲子关系中，父母往往是掌控权力的一方。因此在遇到类似的情境时，与其直接发脾气，不如有意识地从对方（孩子）的角度看待问题，这将更有利于捕捉到解决问题的关键点。在职场上，当我们属于权力掌控者的时候，这个技巧也同样适用。

另外，如果孩子已经到了能够听懂正常对话的年纪，我们也不妨直接向孩子说明自己的困难，从而获得他们的理解与帮助。比如："爸爸（妈妈）今天还有很多工作要做，心里挺着急的，你能帮忙分担点家务吗？""工作太多了，爸爸（妈妈）不知不觉就烦躁起来。刚刚态度粗暴了一些，对不起啊。爸爸（妈妈）不是生你的气，是一时无法应付这么多工作，这不是你的错。"这样向孩子解释后，即使他们不能完全理解，我们内心的愧疚感也会有所减轻，心中的负担也能小一些。

棕熊小贴士

## 一个比发脾气更有效的方法

在与孩子相处的过程中，当我想要向他们提出某个要求时，我会尽量避免使用“快去做”或“快停下”这样的命令口吻。我会想办法让他们感觉像玩某种游戏似的，能够充满兴趣、自然而然地按照我的要求做事。比如，当儿子在浴室里和他的小船、潜水员、鲨鱼等玩偶玩得不亦乐乎的时候，我会说：“你好像在为它们创作一个很有趣的故事呢！为了让明天的故事更精彩，我们把玩具放在原地不动好不好？”

当我想让孩子们快点把衣服穿好时，我会像制定一个游戏规则似的说：“试试看，你们能不能一直闭着眼睛还能把衣服穿上？”或者给孩子们一边倒计时一边说：“10 秒内换衣服挑战现在开始！ 10、9、8、7……”在刷牙的时候，我们也试着玩过“孩子任意张嘴或闭嘴，看妈妈能否顺利在孩子张嘴的时候把牙刷好”这类游戏。

当然，类似的互动也不是每次都能够顺利进行的。但我认为这些互动的意义在于：孩子们能够通过这种日常生活中一次又一次的机会，逐渐培养起他们的自主意识。

## 棕熊出没注意：学业篇

你是否曾在学习生涯中遇到过这种情况：尽管放弃了许多休息和娱乐的时间，全身心地准备升学考试，期待被心仪的大学录取，但最终还是没能如愿。于是你每天都沉浸在落榜的悲伤中不能自拔，有时还会后悔地想："如果当初我在 ×× 上再多下点功夫就好了。"虽然你心里明白，事已至此，现在应该收拾好心情继续向前看。但说起来容易做起来难，你始终无法从考试落榜的阴霾中走出来……

正如前面章节所提到的，我们的情绪与生存本能有着很强的联系。也就是说，当我们心头涌现出某种强烈的情绪时，我们的大脑也正在为“一定要活下去啊！”这一目标而拼命运转。

我能深切体会到，正沉浸在考试落榜的悲伤与痛苦中的你，内心仿佛经历着一场狂风暴雨。尽管这种被悲伤的情绪包围是一件很煎熬的事情，但也请你想一想，此时此刻，你的大脑正在为了你的生存而拼尽全力，所以也请你再坚持一下，透过这些糟糕的情绪，试着与内心展开对话吧！

情绪监测的过程与前面章节提到的步骤一致：首先，用语言将自己的情绪描述出来；其次，分析情绪产生的背景和原因；最后，结合这些分析思考，决定接下来应该采取什么行动。

同时，我想再次强调一件重要的事情：在面对考试落榜这种非常痛苦的情况时，请一定要记住，我们的价值并不是由某一件事的成败来评定的。落榜、失恋、事业受挫……都只是我们生活的一小部分而已。

要明白，“升学考试未通过”仅仅意味着一件事，那就是在这场考试中，有人比自己在规定时间内答对的卷面题目更多。所以，请不要因此而否定自己的价值和为此付出的努力。换个角度想，如果试卷上出的是其他题目，也许我们就能通过考试了。而且从长远看，塞翁失马焉知非福，说不定被其他学校录取会对我们未来的发展更有帮助呢。我们所经历的任何事都不过是漫漫人生路上的某个节点。这些事对我们的未来而言是好还是坏，没有人能说得准。

没能考上理想的学校、失恋，或是创业失败，这些与理想失之交臂的情况，都不过是没有缘分或者运气不好而已。我始终相信，这些失败，是还有其他更适合自己的学校、对象或工作的信号！

## 棕熊出没注意：社交篇

不知道你是否也是一个十分在意别人眼光的人。如果是的话，你可能在生活中也会遇到类似的烦恼。有一天，你带着孩子去公园找他的小伙伴玩，这个孩子的妈妈是一位对孩子管教很严格的人，也在公园里陪着孩子。玩着玩着，你的孩子调皮地边玩边喊，音量大概是在你平常不会指责孩子的程度。但是因为这位妈妈在场，你不禁想：“她会在心里怎样评价我和孩子？会不会认为我是一位不称职的母亲，没教好孩子基本的礼貌呢？”结果，明明是一件平时不会在意的小事，你却严厉地训斥了孩子。事后你懊悔不已，开始十分讨厌当时的自己……

从脑科学的角度来说，“注重他人对自己的看法，不想让别人对自己产生负面评价”是一种很自然且正常的情绪。

自古以来，人类就需要依靠组建群体、相互协作来生存。因此，能够从他人身上获取有用的信息、维系在困境下可以给自己提供帮助的人际关系、得到团队领导者的认可与赞赏，这些都是与个人生存相关的重要能力。所以，为了生存，人类大脑会在自己被群体内其他人认可时产生愉悦的情绪，反之，则会产生消极的情绪。

在意他人的眼光、想要尽量不被人讨厌是一种很正常的情绪，或许你会苦恼“我怎么总是那么在意别人怎么想”，甚至事后陷入自我厌恶，这种心情我是理解的，但是请不要否定自己的这种情绪。如果下次再因为自己过于在意他人的眼光而烦恼，那么不妨告诉自己：“这是人的生存本能在发挥作用。”“因为这是下意识的行为，所以不好控制也可以理解。”这样一想，我们的心态或许会变得平和一些。

那么，让我们试着回想一下，当你的孩子在对孩子管教严格的妈妈面前吵闹时，你当时的感受是怎样的。

你是不是因为不知道那位妈妈在心里怎样评价你和孩子而感到不安，甚至为此产生了类似恐惧的情绪？或者也可能对孩子的行为很恼火，心想："为什么偏偏在这个时候大吵大闹呢！"

假设你感到了不安，那么这种不安的背后，其实是你不想被那位妈妈认为自己是不称职的母亲、不想被别人评价自己的孩子没有教养。这个时候，请试着问一下自己的内心：

"如果我的孩子被这个人认为没有家教或者我被认为是一位失职的母亲，那会导致我和家人的不幸吗？"

"如果我和这个人的育儿理念不同，我们就不能做朋友了吗？"

“这位妈妈或许也会因为自己对孩子管教太严厉而时常厌恶自己吧？”

“今后，我要怎样和这位妈妈交往呢？”

你会怎样回答以上问题呢？也许你会说：“就算这位妈妈认为我没有教育好孩子，也不会影响我的生活。”“其实，就算我们育儿理念不同，也能继续一起在公园陪孩子玩”。从而自然而然地选择维持和这位妈妈交往的状态，不做过多的改变。当然，你也可能会说：“应该试着问一问她关于育儿的见解。”“如果我们之间的价值观确实有很大差异，不如就和她保持一些距离好了。”从而按照自己的规划改变和这位妈妈的相处模式。

通过情绪监测观察自己的情绪并梳理当时的状况及内心活动后，再遇到类似的情况时，我们的心态应该会比之前更加稳定。在我们剖析了内心不安与恐惧发生的内在原因之后，我想，你就不会再像第一次遇到类似情况那般心乱如麻了。

## 情绪监测自助表

回忆自己出现悲伤、愤怒、焦虑、嫉妒、寂寞、郁闷、硌硬等情绪时的状况，试着填写下表，进行一下情绪监测吧！

**第一步 关注情绪**

**第二步 用语言描述情绪**

**第三步 分析情绪产生的原因**

**第四步 扭转消极情绪的行动**

棕熊小贴士

## 别着急，慢慢来

情绪监测的初学者很容易产生这样的苦恼："既要觉察自己的情绪，又要用语言描述，还要优化自己的行动策略，确实有些困难啊，很难一口气都做好……"其实不必对自己那么严苛，不要心急，慢慢来，在一次次的尝试中逐渐熟悉情绪监测的各个步骤。

我自己也不能保证顺利完成每一次情绪监测。但是，如果我们在日常生活中有意识地尝试捕捉自己的情绪，就会慢慢了解自己的某些情绪产生的规律。比如，肚子饿的时候容易心烦、工作繁重时容易焦虑等等。对于我这种"晚上犯困时容易发脾气"的人而言，关键是要做好"越是睡眠不足的时候，越要有意识地感知自己的情绪变化"的心理准备。或者也可以向身边的人说明自己的困境，比如，我会对孩子们说："对不起啊，妈妈在晚上犯困的时候容易发脾气。如果可以的话，你们晚上能再听话一些吗？"

掌握情绪监测的能力需要一个过程。一开始的时候，我们可以在心情平静的时候，回忆过去发生的事情，对当时的情绪进行监测，并在练习中逐渐缩短从事件发生到完成情绪监测的时间。如此反复，情绪监测就会慢慢融入我们的日常生活，成为一种习惯。

第 2 章

# 情绪监测工具箱

对于情绪监测来说，能够准确捕捉到自己产生的情绪是十分重要的一步。但这说起来容易，实际操作起来却并不简单。为能够顺利进行自我情绪监测，我们需要注意做到以下几点。

- 培养感受自己的情绪并用语言加以描述的习惯。
- 总结自己在特定情况下容易产生某种情绪的规律。
- 留意自己思考模式的偏好，避免曲解自己的情绪或者自欺欺人地解读情绪。

在本章中，我准备了几个有助于上述要点实施的方法供你参考。这些方法以认知行为疗法（cognitive behavioral therapy，CBT）理论为基础，在帮助我们进行情绪监测的同时，其本身也可视作情绪监测的方式。当我们逐一尝试过这些方法后，会感到自身的压力得到减轻，从而为积极生活打下良好的基础。

另外补充一点，在本章所介绍的前三个方法中，每个方法的最后一页都附有相应的填空式流程表。当你在空闲的时候，试着按照表格的指引，认真挑战一下这些新方法吧！

请先回忆你与自己进行内心对话时的状态，带着对当时的印象，尝试一下本章所介绍的方法。请记住，你不用完美地掌握所有的方法，只需要选择适合自己的一种或几种方法，并在日常生活中有意识地进行练习就可以了。

让我们和真实的自己面对面，试着倾听来自内心深处的声音。

## 与自己的惯性思维作对抗

我要介绍的第一个方法是“对抗惯性思维”。这个方法与情绪监测有着紧密联系。

所谓“对抗”，实际上就是主动审视我们平时的思维模式，并努力从积极、乐观的视角对思考内容进行重新解读。

现在，请回忆一下引发你产生某种情绪的事件，试着按照以下思维框架与自己当时的思维做一下对抗吧！

1. **场景：**发生了什么事？

2. **思考：**自己当时产生了怎样的想法？

3. **感受：**描述一下自己当时感受到的所有情绪。

4. **依据：**为什么自己会产生 2 中的想法，其依据是什么？

5. **对抗的依据：**能与 2 中的想法相对抗的依据是什么？（可能不像 2 中所想的，而是……）

6. **新的思考：**权衡一下 4 和 5，冷静地对事件形成新的判断。

通过以上思考，我们可以在头脑中重新斟酌对一件事的看法。方法 1 的重点，在于我们从新的、积极的角度进行重新考量。

让我举个例子来演示一下。

1. **场景：**假设，我看到同事将我想出来的项目方案独自提交给了领导，仿佛这个方案是他自己规划的一样。

2. **思考：**“这个人太过分、太狡猾了！他硬生生将我的劳动成果给抢走了！我的成果竟然被别人窃取了。我原本以为他是值得信赖的同事，之后我再也不会信任他了！”

3. **感受：**感到愤怒与激动。因为看到了令人气愤的一幕而感到恶心，手不自觉地发抖，心里甚至涌起了一丝恐惧。感受因人而异，尽量用语言详细描述自己的身心感受。

4. **依据：**如下，请把你产生 2 的思考的内在依据分析出来。

a. “这个项目方案非常有创意，我前两天正好和这位同事讨论过。”
b. “这位同事最近一直在考虑升职加薪，他是不是想利用我来达到目的？”
c. “我和同事讨论这个项目时，他并没有明确表示赞成。现在想来，他肯定是想要先打击我对这个项目的信心，然后趁机把项目据为己有！”

5. **对抗的依据：**如下，试着列举与 2 中的思考相对抗的一系列依据吧。

a. “这位同事是我刚入职时就交到的朋友，他应该不会有意破坏我们之间的关系。”

b. “目击到那个场景的瞬间，我确实以为是同事窃取了我的劳动成果。但说不定他只是把我的想法以我的名义向领导进行了汇报。”

c. “这位同事是领导的直接下属，有一定的决策权。他也许是为了让我的项目方案更容易通过，而事先帮我做了一下铺垫工作。”

6. **新的思考：**“在此之前，这位同事和我在单位的关系一直都很融洽，他应该不至于采用这么卑鄙的手段来帮助自己升职，也许是我误会了。或者，他当时只是一时糊涂。而且，就算他把我的方案当作自己的成果汇报给领导并通过了，但没有我的指导，这个项目也无法顺利进行。最终，这个项目还是需要我来完成。所以，为了到时候大家都保持体面，我还是应该先静静地准备后面的工作。”将4和5进行客观权衡，通过冷静理性的思考之后，计划接下来的行动。

请回想一下我之前提到的策略：既不选择战斗，也不选择逃跑，而是选择继续专注于自己的工作。目前我们还无法确定同事有没有窃取自己的项目方案，所以没有必要一直对此耿耿于怀。当然，你可以坚持“我不能容忍同事窃取我的劳动成果”，但你完全可以选择一种不引发正面冲突的方式来表明自己的立场。

比如，你可以很自然地询问同事：“刚刚我看到你跟领导汇报了我的项目方案，领导的反应如何？我们现在要做些什么准备？”或者，如果你们的办公室是那种开放式的，当同事与领导讨论这个项目时，你可以适时地插话：“啊，是在说我前几天刚策划的那个项目方案吗？我也来一起讨论吧！”

经过这样一番情绪监测后，我们既避免了处理问题时的失态，又能让同事感受到我们对此事的不满。人们在情绪支配下，任由自己发脾气不是明智之举；但通过冷静的思考，用理智的行动表达自己的愤怒却并非坏事。

如果你这样处理后，心情依然无法平复，那么不妨直接向对方表达自己的感受，让其明白你在这件事上受到了伤害。这是我们守护自己心理健康的重要行动之一。

接下来，请按照刚才的例子，实际挑战一下自己的惯性思维。

1. **场景：**这次你要进行情绪监测的事情是什么呢？请试着写出当时的场景。在回忆时，可以借助“5W1H分析法”——when 何时，where 何地，who 何人，what 何事，why 为何，how 如何发展，来使回忆更加准确。

2. **思考：**对于 1 中描述的状况，你第一时间产生了怎样的思考？是什么让你感到烦恼？请在这一步骤，将自己当时脑海中浮现的想法写下来。如果可以的话，也请将自己当时情绪的波动详细地记录下来。比如：“一开始，感觉对方好像讨厌我。然后一想到自己为什么会被别人讨厌，就不由得愤怒起来。”回忆创伤经历可能是一件很痛苦的事情。如果这种痛苦感受异常强烈，说明现在还不是复盘这件事的最佳时机，请不必勉强。为了维护自己的身心健康，我们可以将问题暂时搁置，留待适合的时机再处理。

3. **感受：**在这一步，我们要用语言来描述自己当时的感受。这些感受不仅包括心理层面的情绪波动，还包括生理层面上身体直接产生的各种反应。比如：“胸口像是被什么压迫，喘不上气来”“身体发热，手心冒汗”“像刚跑完步似的心脏狂跳”“困得昏天暗地”“莫名其妙想发笑”等等。

4. **依据：**让你产生 2 中的思考的依据是什么呢？请试着列举可以作为依据的事实。需要注意的是，在这一过程中，我们要明确区分“客观事实”与“主观判断”。在这一步中，请尽量举出可以证明 2 中思考成立的客观事实依据。

5. **对抗的依据：**接下来我们需要试着想出“可以推翻 2 的依据”，也就是可以证明自己之前的想法存在误区的证据。虽然刚进行到这一步时，你可能还在坚持 2 中的观点，但你是可以找到支持对立观点的证据的。你可以试着思考以下几个问题：

“存在推翻 2 中的思考的现实依据吗？”

“可不可以试着用更积极的心态看待这件事呢？”

“再考虑一下自己的想法，在现实中真的合理吗？”

“如果站在对方的立场，他会如何看待这件事呢？”

如果你觉得自己难以从客观的角度分析这件事情，也可以假设自己正在为朋友提供建议。那么，面对向你倾诉有同样困扰的朋友，你会如何分析并帮助他呢？

6. **新的思考：**接下来，对比 4（支持你惯性思维的依据）和 5（推翻你惯性思维的依据），重新梳理一下事件经过以及自己最初产生的想法，然后问一问自己：

“我现在感觉如何？”

“我现在的情绪与想法产生了哪些变化？”

如果你发现自己的想法发生了变化，形成了新的观点，这就表明你成功进行了一次情绪监测。不过，如果刚开始学习情绪监测，一开始做不好也没有关系。你可以反复练习本章所介绍的方法，逐渐将其融入自己的思考和行为中。

## 棕熊观察日志模板

### 对抗惯性思维自助表

1. 场景 发生了什么？

2. 思考 头脑中涌现出了怎样的想法？

3. 感受 身体和心理产生了怎样的感受？

**4. 依据 关于 2 中的想法的依据。**

| 支持 2 的事实依据 | 可以反驳 2 的事实依据 |
| --- | --- |
| | |

**5. 对抗的依据 对比两组依据，客观地进行复盘分析。**

## 了解自己的认知偏差

我们每个人都有自己特有的惯性思维。举个简单的例子：同样是忘记带某样东西，需要向朋友借用应急，有的人会悲观沮丧地想："我可真是个没用的家伙，只会给朋友添麻烦……"而有的人则会高高兴兴地想："太好了！朋友把东西借给我了，不仅解决了麻烦，说不定还能因此增进我们的友谊呢！"

所以，思维习惯不同，同样一件事带给人们的感受也不相同。悲观的思维模式往往会让我们感受到生活的痛苦与艰辛。如果过于悲观地看待事物，很容易陷入对现实的扭曲解读中。这种错误的认知甚至可能会使我们脱离现实，沉溺于自己幻想的悲观世界中难以自拔。因此，如果我们不能及时纠正自身的一些不好的思维习惯，日常生活就会变得相当艰难。

从脑神经学的层面解释，这种曲解现实的思维模式被称为"认知偏差"。虽然认知偏差有时也能发挥积极作用，但作为一种无意识行为，它往往是我们产生压力的主要原因。因此，了解“认知偏差”的本质对我们大有裨益。接下来，我将介绍几种常见的认知偏差类型，并分享发现自身认知偏差的方法。

另外，了解我们自身看待事物的习惯，这对以后进行情绪监测将更加有利。因为，如果我们能够把握自己思维模式的倾向性，那么在遇到问题时，就能够做到及时提醒自己：“我得小心，不能一味由着自己的惯性思维把我引向 ×× 方面。”从而阻止事态继续往糟糕的方向发展。倘若我们每次都能及时扶正自己的思维走向，那么自然就能防止情绪出现剧烈波动。

接下来，请阅读以下几个颇具代表性的认知偏差示例，并与自身对照，找出自己思维模式中存在的认知偏差。当然，思维习惯很难一下子改变，所以如果你暂时不想或不能立即改变也没有关系。即便只是意识到自己思维模式存在偏差，也会促使我们大幅改变对待事物的看法和态度。

为了了解认知偏差的本质，请先回忆一下你最近产生过的消极情绪，比如愤怒、不安、担忧、焦虑、偏执、心烦意乱等。请试着不加掩饰地用语言描述自己下意识产生的糟糕情绪，以及让自己觉得厌恶的感受。同时，思考一下这些消极情绪产生的背景和原因，以及当时的内心活动给你带来了多大的痛苦与压力。请带着这样的思考，继续阅读以下内容，也许你会发现你的认知偏差习惯就隐藏在这些产生消极情绪的背景之中。

## “非零即百”的思维模式

“非零即百”是一种倾向于用极端的眼光评判事物的思维模式。这种思维模式对人或事的打分只有“0 分”和“100 分”的区别，即“非黑即白地看待事物”。

完美主义者容易使用这样的思维模式，从而落入“非好即坏”或“一旦失败就意味着意义全无”之类极限二选一的陷阱之中。比如，输掉了一心想要夺冠的决赛时，有人就会产生“我没能夺冠，付出的所有努力全打水漂儿了……”之类消极的想法。

其实，如果一定要反思“输掉决赛”这件事，我们也不该立刻认定“整个过程从头到尾都很糟糕，所有努力都白费！”而应该是“虽然决赛没有取胜，但之前××部分的表现还是不错的！”或者“虽然这次输了，但相信今后一定会越来越好！”。像这样，慢慢养成重视“过程”的习惯，会更有利于我们保持良好的心态。

如果我们不用“非零即百”的思维模式评判“决赛时与冠军失之交臂”这件事，而是以“重视比赛过程中的收获”的眼光看待整个赛程，比如：“能获得亚军也值得自豪！”“比赛结果并不能否认我迄今为止付出的努力。”“在努力的过程中，我收获到了许多”，等等，那么，这种乐观的心态将更有助于日益提高我们的生活质量。

有的人不仅对自己，对他人也会用“非零即百”的思维模式加以评判。这样的人很难原谅别人的小错误，容易对身边的人提出严苛的要求。

而且，如果认为一切都可以用“非零即百”的标准来评判，人就会陷入偏激。比如谈到疫苗接种，就会产生“这个疫苗到底有效还是无效，我要得到一个明确的答案！”这样激进的态度。我认为这是思维模式方面的一个非常严重的问题。我们对人或物加以评判时，本来应该遵从现实，从多方面进行综合、客观的评定。比如，某些人从中受益的可能性很高，而另一些人可能面临一定的风险，这种风险的概率是多少。如果一味地用非零即百的标准来评定，那就相当于脱离现实，落入不切实际的幻想之中了。

## “以偏概全”的思维模式

“以偏概全”指的是把对个别事件的印象扩大化，认为所有情况都是如此的思维模式。这种思维模式表现为用片面的观点看待整体问题，从而导致形成错误结论，是认知偏差的另一种表现形式。

比如，在整理资料出现错误时，有的人就会过度自责，心想：“我真是什么工作都做不好！”从而陷入自我否定之中。但实际上，这次错误最多只能说明这个人不太擅长整理资料，而与他是否能够做好其他工作并没有直接关系。而且仅凭一次失误，甚至都不该得出“这个人不擅长资料整理”这样的结论。这种将一件小事的负面结论扩大到许多事上的状况，正是“以偏概全”认知偏差的典型表现。

再举一个例子，假如你面试失败了，会得出怎样的结论呢？按理说，仅凭一次面试失败的经历，并不能得出“我无论面试多少次都不会被录用”的结论，但我们又常常不自觉地陷入这类以偏概全的思维误区之中，不是吗？

如上所述，将自己身上仅发生过一次的不幸遭遇进行以偏概全地思考，会让我们误以为这种不幸在今后也会反复发生，或者在别的情况下也会发生。这种认知偏差会削弱我们做事的积极性，相当于自己压制了发挥自身最大潜力的能力。

## “只关注消极信息”的思维模式

事物都有两面性。我们在分析客观事物时，应该既看到好的方面，也看到坏的方面。如果只关注事物的消极方面，就会陷入认知偏差的误区。这种思维模式就是我们通常所说的“悲观思维”。

比如，当在一场满分为 100 分的考试中取得了 80

① “C”为日本视力检测表中的常用符号，相当于中国视力检测表中的 E。——译者注

分的成绩时，有些人不会高兴地想“太好了！考了80分！”而是埋怨自己“唉，怎么能丢了20分呢……”结果陷入失落情绪中久久不能自拔。或者，有的人明明和喜欢的人度过了愉快的一整天，但因为注意到对方在某个瞬间一闪而过的疲倦神情，便开始胡思乱想：“他是不是讨厌我了……”

明明有那么多积极信息存在，我们为什么一定要只关注那微不足道的消极部分呢……

## “回避优点”的思维模式

“回避优点”的思维模式指的是在看待事物时，常常否认或轻视积极因素或结果的思维习惯。

比如，当受到他人夸奖，或收到“这真是你的一个很好的经历”之类的赞扬时，有些人会下意识地用“哪里哪里，我并不××”之类具有否定意味的话语来进行回避。

又如，你通过了一场考试。这本来是一件值得庆祝的事情，但你却下意识地贬低这件事的价值，在心中不断告诫自己："虽然我确实通过了考试，但这次题目简单，谁参加都能通过。""这场考试对别人来说可能意义重大，但对我来说其实没什么大不了的。"在单位里，你受到同事热心的帮助时，会不由自主地想："他帮助我可能只是出于工作需要，并不是真心的。""今天可能只是碰巧他心情好而已。"就这样，人为地将他人传递给自己的积极信号拒之门外。

如果你是上述例子中的这类人，请不要再这样想了，坦然地接受生活中的积极信号吧！

## “脱离常理”的思维模式

“脱离常理”指的是有些人在分析事物时，习惯毫无根据地脱离现实，并最终得出悲观结论的思维模式。“过度解读内心”和“随意预测未来”是这种思维模式的两种表现形式。

“过度解读内心”在英语中称为 mind reading，顾名思义，它指的是对他人内心想法的主观臆测。这与“不妄断他人之事”的基本准则相违背。比如，你看到远处的朋友们一边聊天一边朝你的方向笑，就毫无依据地推断：“他们一定是在偷偷说我的坏话！”当你约朋友出去玩被拒绝时，就在心里断定：“他一定是因为讨厌我才拒绝的。”

在脑科学中，有一个术语叫预测未来（fortune telling），它可以简单理解为我们平时常说的“占卜”或者“预言”等。比如：“就算我认真准备了，估计也通不过考试。”“就算我参加了这场聚会，大概也不会有人搭理我”等等。习惯预测未来的人，容易仅仅通过一些微小的迹象，就对尚未发生的事情做出十分肯定的悲观预测。他们具有一个明显的特征，就是如果偶尔他们的预言成真，他们便会更加坚信其他的悲观预言，从而进一步强化了他们“脱离常理”的思维模式。

下面让我们来举例说明一下人们随意“预测未来”的错误逻辑：

作业中错了一道题

↓

这次考试要不及格了

↓

升学考试绝对会失败

↓

我进不了理想的大学，将来也不会有公司愿意录用我

↓

我一定会迎来孤独又不幸的人生

我们以第三者视角来看这个逻辑发展过程，可能会忍不住吐槽："这哪里是什么预言师啊？！""嘿，你能不能认真预测一下呀！"但轮到当事人自身，他们却往往会在不经意间深陷消极预言的泥沼之中。

## "归咎自己"的思维模式

"归咎自己"的思维模式，指的是一种倾向于将发生的事件、他人的言行归咎于自己的个人问题或责任的思维习惯。比如，你的伴侣看起来有些心烦意乱，实际上，他可能只是工作累了而已，但你却怀疑："我是不是做了什么让他厌烦的事情？"遇到的同事没有与你打

招呼，也许他只是没有看到你或者心里正在想事情，但你却推测：“他是不是讨厌我？”

类似这样“将本来与自己没有关系的责任强行归咎到自己身上”的想法还有：“只要我去赛场支持某支队伍，那支队伍就一定会输。我还是别去看比赛了。”“都是因为我在这家公司工作，公司的业绩才下滑的”，等等。除此之外，当你在朋友圈看到朋友发了一段没有指明对象的抱怨时，你是不是会下意识地想：“这该不会是在说我吧？！”

## 认为“必须”“应该”的思维模式

有的人会存在“我必须这样做”“我应该那样做”的强迫性思维模式，这也是一种认知偏差。

在人生中，我们会遇到许多不按常理出牌或发展不尽如人意的状况，这就需要我们灵活应对。然而，如果我们总是执拗地想要用一成不变的规则来处理所有事务，就无法找到最合适的解决方式。比如在前文提到过的“战斗还是逃跑”的抉择中，存在这种思维的人就无法找到第三种更适合的解决办法。而刻板的处理方式最终又导致事态发展与我们最初的目标渐行渐远。

如果我们对他人的要求也时刻被“必须”“应该”这类强迫性思维所束缚，可想而知，矛盾一定少不了。因为在这种思维的掌控下，一旦对方的言行与我们的预期不符，我们便会感到失望或心烦意乱，甚至还容易对这样的自己感到愤怒或厌恶。

如果你存在这样的思维模式，我希望你能够在“必须”“应该”的想法出现时，静下心来考虑一下：这些想法真的适合当下的状况吗？

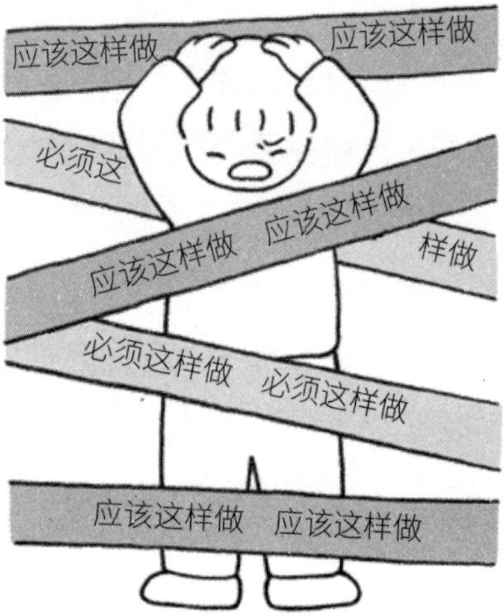


在“必须”“应该”的思维模式中，像“男儿有泪不轻弹”“女子应该谦和”这类刻板印象对我们的身心健康格外不利。因此，我们要提高警惕，既要避免自己被这些不合理的条条框框束缚，也要时刻提醒自己，不

要过度用社会上的标签和自己生活中的条规去要求他人，以免给自己带来不必要的困扰。

“必须”“应该”的思维模式很容易在无意间影响我们的处事方式，所以请一定格外重视对这种认知偏差的监测。

## “过度解读与过低评价”的思维模式

一切都是最好的安排

“过度解读与过低评价”的思维模式，指的是不能

客观理性地看待事物，而是对事物进行过度解读或给予过低评价的思维习惯。面对这种认知偏差，请参照本书所介绍过的“全然接受”理念，坦然地接纳现实，这一点真的很重要。

## “感性主导”的思维模式

“感性主导”指的是人们在面对某件事情时，将自己的情绪作为解读事实的最重要依据，导致出现认知偏差的思维模式。

“感性主导”思维模式的重要表现，就是人们主观认定“事情应该是这样的”，即便缺乏客观事实依据，也仍能得出“肯定是我想的这样”的结论。当我们的思考被感性主导，对事物的判断就会受到当时情绪的影响，从而导致自己的情绪取代了客观实际，成为“证明事实”的依据。

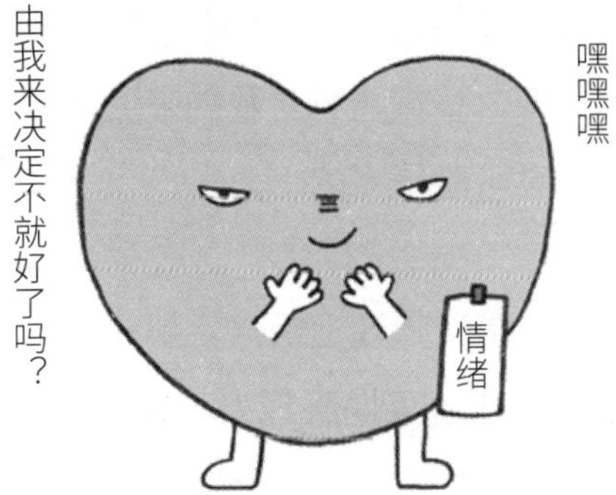


比如，在你的钢琴演奏会即将开始前，依照你的演奏水平和过往经验，你本可以毫无失误地完成这场演出。但因为紧张与不安，你就会在心里断定："这次演出一定会失败！"如果碰巧这时候你又看到自己的老师和家人都没有跟自己打招呼，便会得出"他们这样，肯定是因为觉得我这次演出要失败了！"的结论。由此可见，仅凭情绪作为判断的依据，结论往往令人啼笑皆非。

不过，有一点需要补充。当我们对他人对待自己的态度感到不舒服时，不必总是自我暗示"这只是我感情用事，是我误会了”。比如，当单位领导唯独对你很苛刻，你觉得“怎么感觉领导对我的态度怪怪的”时，你的感觉很多时候可能是对的。

尤其当对方是老师或上级时，那些看似不合理的态度，往往会被轻描淡写地解释为“这是你的误解”，以此为他们蛮不讲理的态度开脱，这样的例子实在是太多了。所以，我们既要努力避免被感性主导，不能仅凭感觉就得出“肯定是这样”的结论；也要避免盲目地否认一切以自身感觉作为依据而得出的结论。

## 棕熊观察日志模板

# 跳出认知偏差自助表

### 1. 试着写出自己的消极情绪

不要隐瞒自己讨厌的消极情绪与心埋活动。同时也试着思考一下它们产生的依据与原因。

**你承受的压力强度是多少？**

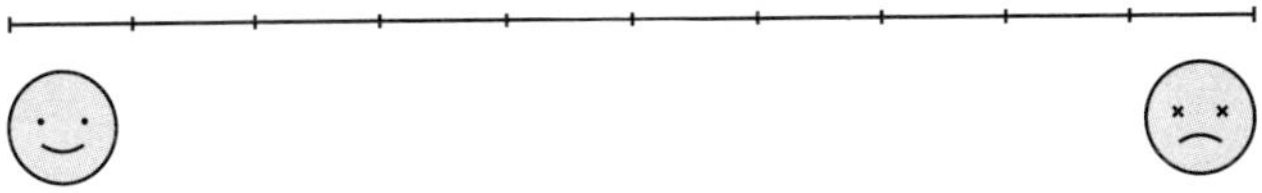

**2. 也许是你产生了认知偏差**

试着想一想，本部分所介绍的各类认知偏差中，你中招了哪些？

**3. 新的视角**

通过 2 中的反思，请思考一下你真的有必要产生 1 中的感受吗？真的没有别的解读方式了吗？

## 安抚焦虑内心的方法

在这一节我想讨论的是如何缓解自己内心不安或担忧的情绪。

日常生活中，我们难免会遇到一些令人焦躁不安或忧心忡忡的事情：

“我是不是被同事讨厌了？”

“虽然我信誓旦旦地承诺能做到，但我真的能行吗？”

“我的努力好像没有得到公司的认可。”

“继续维持现状生活，真的好吗？”

像这种坐立不安、心浮气躁、心里空落落的好像什么都抓不住的感觉，你也曾有过吧？那么今后，如果你的心中又涌现出这样的情绪，不妨试试我接下来所讲的方法，或许对你有所帮助。

### 说出自己的感受

现在，请调动你的五感（嗅觉、听觉、触觉、味觉、视觉）来感受此时的自己，并试着依次回答以下问题。

- 你现在能闻到什么气味？
- 你现在能听到什么声音？
- 你现在有怎样的触觉？（比如，你的脚掌可以感觉到地面吗？）
- 你现在能尝到什么味道？
- 你现在能看到什么东西？
- 你现在的整体感觉如何？

### 明确“可以掌控的”和“不可掌控的”

接下来，请客观地梳理一下诱发你产生不安和担忧情绪的事件，并试着回答以下问题。

- 针对目前的状况或问题，你有什么可以改变或掌控的地方吗？如果有的话，这些可控的部分具体是什么？
- 在目前情况下，你有什么无法改变或掌控的事情吗？如果有的话，这些不可控的部分具体是什么？

如果这两个问题你暂时都回答不上来，也请将这个结果如实记录下来。

回顾整个事件，分别将自己可控和不可控的部分逐条列出，这对我们缓解自己不安与担忧的情绪非常有效。当我们把事件的可控部分可视化后，就会增强“这些状况我还能把控”的自信。对于那些不可控的部分，则可以想一下：“这些问题就算再烦恼也无济于事”，从而减轻自己的心理负担。

## 关注身体的反应

在这一步中，我们要检查一下自己身体的紧张状态。这里的“紧张”不是指情绪上的“高涨”，而是指身体“肌肉的紧张程度”。也就是说，当你感到不安或担忧时，注意体会身体的哪些部位会出现不适：头痛不痛？有没有头晕？手会抽筋吗？肚子痛吗？充分感受后，请在本部分最后的自测图表中将不适的部位标记出来。这样，我们就能够知道自己在感到不安或担忧时，身体哪个部位会最先发出预警信号。

我们的大脑活动与身体感受紧密相连。当情绪高涨时，大脑就会向身体发出信号。比如，当我们感到恐惧或不安时，心脏会扑通扑通地狂跳，呼吸也会变得急促。这是因为，当大脑认为我们的生存受到了威胁时，就会开始催促身体尽快做好逃跑的准备。

另外，大脑和身体的信息传递并不是单向的“大脑一身体”。实际上，它也可以反向进行，即“身体一大脑”。也就是说，身体的感受同样可以促使我们的大脑做出反应。比如，服用降低心率的药物可以缓解我们的不安情绪；有意识地进行深呼吸、用冷敷缓解身体发热、按摩紧绷的肌肉等改善身体不适的方法，也可以有效抑制情绪过度高涨或紧张。

## 写出自己的优点

你喜欢自己的哪些特点？你的优点是什么？在这一步中，请试着将它们一一列举出来，哪怕很小也没关系。

要知道当我们的自我效能感低下或缺乏自信的时候，很容易感到强烈的不安或担忧。想象一下，当你心想“我估计做不成这件事吧？”“我是不是不容易让人喜欢？”“我是不是一个没有价值的人？”的时候，是不是充满不安与担忧呢？

因此，明确自己的优点与长处非常重要。

当我们认识到自己的价值后，再遇到类似会产生自我怀疑的情况时，我们可能就会更容易想到："我肯定有做不好的事情，但我也有很多擅长的事情啊。""我十分欣赏自己 ×× 的品质。""我可以做到的！"这些积极的念头会赶走我们心中的不安与担忧，取而代之的是脚踏实地的安心感。

# 摆脱焦虑情绪自助表

## 1. 体味此时的身心感受

沉下心来仔细体味此时的身心感受，试着将它们记录下来。

| 嗅觉 | 听觉 | 触觉 |
| --- | --- | --- |
| 味觉 | 视觉 | 其他关于身体整体的感觉 |

## 2. 判断当前状况是否可控?

| 可控 | 或许可控 | 不可控 |
| --- | --- | --- |
| | | |

## 3. 标记身体紧张状态

如果感到身体的哪些部位不适，请在下图中相应位置标记出来。

## 提升能量的正念训练

本章的最后一部分，将为大家介绍一种被称作“正念训练”的方法。所谓“正念训练”，是一种心理练习，它引导我们有意识地将自己的内心感觉集中在“现在、当下这个瞬间”。

在忙碌的日子里，我们很少有机会静下心来，将注意力集中在“此时此刻”。我们总是对过去之事难以释怀、对明日工作忧心忡忡、对未来前景焦虑不安，却恰恰忽略了当下。而情绪监测十分重要的一点，就是关注“此时，在这一瞬间自己所涌现出的情绪”。因此，有意识地训练自己将注意力集中在“现在”，而不是“过去”或“未来”，会对我们开展情绪监测更有帮助。

接下来，我要介绍的是自己在做实习医生时学习到的“正念训练”法。

## 散步时训练正念

我们可以在散步时进行正念训练。不需要走很远，几十米的距离就足够了，因此在家或公司附近的路上来回走几圈就可以完成这个练习。

走第一圈时，我们只需关注“自己现在看到了什么东西”。比如，请将注意力集中在“橙色的小花开了”“公告牌坏了”“道路有点弯曲”等视觉信息上，并在走完第一圈时，将看到的信息记录下来。

到了第二圈，需要边走边专心感受“自己现在闻到了什么味道”。比如“闻到了甜甜圈的香气”或是“闻到了擦肩而过的人身上的香水味”抑或“闻到了路边河水的味道”……然后，将关注到的嗅觉信息记录下来。

同样，在第三圈时，专心关注“自己现在听到了什么声音”；第四圈时关注“自己身上现在有怎样的感触”；最后一圈，则集中体会“自己现在有怎样的情绪和思考”。当然，每走完一圈，都请及时做好记录。

完成上述练习之后，你可能会感到惊讶：当有意识地专注于自己的感官体验后，你所觉察到的东西与以往观察到的会大不相同。尽管是在同一条道路上重复散步，你的手中却有五份内容完全不同的记录。与此同时，你也会深切体会到，自己平时由于没有关注当下而错过了多少珍贵的东西。

在散步时，也请试着关注自己头脑中一闪而过的念头：头脑中浮现出了怎样的思考？内心涌现出了什么样的感受？哪怕只是沉静地关注几分钟，我们也可以更清晰地认识到自己的脑海中瞬息万变的思想活动。通过仔细观察这些“思绪”的联想游戏，我们不仅可以注意到那些与“现在”无关的想法对我们感知当下的影响，还能够更清楚地认识到自己在思考方式上有哪些习惯、价值观需要怎样修正等。

另外，据说习惯有意识地将关注点聚焦于眼前的事物，可以提高我们的注意力与内心的满足感。所以，我建议你不妨时常提醒自己：“今天，试着专心体会 ×× 方面吧！”“从现在开始的 30 分钟内，我要有意识地觉察 ×× 东西。”让我们将“正念训练”融入自己的日常生活吧！

棕熊小贴士

## 日常生活中的正念训练

刚刚我介绍了正念训练法，并希望大家可以将这个方法融入日常生活中。实际上，我并不会每天都固定抽出时间来有意识地进行正念训练，不过，有时候在做拉伸等运动的时候，我会下意识地问自己：“我现在在想些什么呢？”

面对头脑中不断浮现的想法，我会这样捕捉它们的轨迹：“哦，原来我现在是从这个点跳到了那个点。”“我从这里联想到那里，现在正在思考这件事。”实际上，整个过程就是单纯地、不断地去察觉这些思绪的流转，从而逐渐将自己的专注点聚焦于当下。

当然，我十分推荐大家每天能够抽出 10 分钟，静坐下来，感受当下。但其实，如果能够在集中注意力时加入一些冥想，哪怕不到一分钟，也会对我们的心理状态很有帮助。

第 3 章

# 与情绪棕熊共同成长：培养心理免疫力

## 做好情绪监测的关键品质

“情绪监测”这件事，有些人能够轻而易举做到，而有些人无论如何努力，结果总是不尽如人意。这种情况源于每个人大脑机能的差异。那么，究竟是什么因素决定了一个人擅长什么、不擅长什么呢？那些做得好的人，是不是天生就拥有某些特质呢？

那些在某方面擅长的人，他们之所以具备那些特质，究竟是源于什么呢？我认为是“自尊感”和“自主意识”。

这两种品质的形成，虽然与每个人的成长环境和经历有很大关系，但即使在成年后，我们仍然可以有意识地对其加以培养和提升。因此，即使你觉得当前的自己并不擅长情绪监测，也不用过于担心。最重要的是要先在心中对“情绪监测”有一个明确的认知。仅仅做到这一点，也能够帮助我们提高生活质量。

在日常生活中，我们要努力做到：关注并接纳自己的情绪，直面自己的内心感受，不否认源于内心深处的真实情绪，重视自己的感受。具体来说就是：不必在感到悲伤时强颜欢笑、故作坚强；也不必通过发火或者大声斥责对方，使自己在冲突中占据优势地位，借以掩饰内心的软弱。

这些做法体现了支持情绪监测的关键品质，即“自尊感”和“自主意识”。

接下来进入正题，让我来介绍一下这是怎样的两种品质。

## 接纳和认可真实的自己，提升自尊感

自尊感，顾名思义就是“重视自己”和“认为自己值得被尊重”的心理。当然，这并不意味着我们要时刻认为自己“我最厉害！”而是要有能力接纳和认可真实的自己。

从情绪监测的第一步，即“关注自己的情绪”开始，自尊感就为我们提供了强有力的支撑。我们只有从心底坚信“我是一个有价值的人”，才能够坦然地面对恐惧、嫉妒、羞耻等自己不太想承认的情绪。相反，如果缺乏“自尊感”这根支柱，被“我不行”的想法占据主导，那么我们的内心就会充满恐惧、嫉妒、羞耻等消极情绪，从而加重“我不行”的观念。人的思维也就会愈发走向负面了。

强大的自尊感能够支撑人们不受周围评价的影响，从而在行动时，更加关注自己内心的真实想法。拥有强大自尊感的人，在生活中即便遭受他人的负面评价或者经历失败，也不会否定自身的价值和尊严。这样的人自然也就不会过分害怕失败，并能够勇敢面对挑战。

那么，当同事或领导指出自己的错误时，什么样的反应才是拥有强大自尊感的体现呢？

如果此时我们能够坦然承认自己的错误，并开始思考“要怎样做才能挽回局面”，那么这无疑是自尊感很强的表现。相反，面对别人的批评，如果我们立刻被“想推翻对方评价”的情绪左右，急于反驳对方，努力为自己辩解，甚至列出一系列诸如“之所以造成这个结果，是因为……”的理由，我们或许就应该认真考虑一下如何增强自己的自尊感了。

人一旦感受到自己被否定、尊严受挫，就会不由自主地产生排斥、对抗的心理。这时候，愤怒、焦虑、恐惧等情绪也会不断涌出，扰乱我们的心境。

此时，你需要坚信：虽然那些与自己有关的事情以及出现的问题都是客观存在的，但它们与我们自身的价值无关，你也不必为此否定自己。

我可以肯定地说，只要将这句话记在心里，你待人接物的方式就会产生巨大改变。

## 建构多元的自我评价体系

培养个体自尊感的方法之一，就是建构个人价值的多元评价体系。

通过设定多个评定自我价值的标准，我们就有可能将本来觉得了不得的消极情绪，转换为微不足道的小问题。比如，发觉自己在嫉妒他人并对此产生负面评价时，拥有多元价值评价体系的人会同时认识到："这种情绪不过是我人性中的一个小方面，人无完人，从总体来看我还是一个不错的人！"这样一想，自然就能轻松、坦然地面对自己的消极情绪了。

那么，如何建构个人价值的多元评价体系呢？

我认为见识的广博与经验的丰富是一个重要的影响因素。我们倡导人们在观察事物时，不应局限于某一个方面，而要尽量综合多个角度进行思考，这种思维模式无疑是正确的。但遗憾的是，当今社会还存在着阻碍这种思维模式健康发展的因素，这是不可否认的事实。

比如，在日本的应试教育中，考试成绩成了评价考生水平的唯一标准。但事实上，考试成绩只能反映该考生在规定时间内答对了多少道题，却无法体现他曾做过什么、对什么感兴趣、擅长什么、持有怎样的价值观等。

当然，能够按照某个标准努力奋斗并取得优秀成绩，对当事人而言，这个过程本身颇有意义，也是一件值得骄傲的事情。我本人也在应试文化的影响下取得了一些成绩。但是，如果我们能将单一的价值评定标准更新为多元的评价体系，会更有助于自尊感的培养。比如，回顾我们曾经取得的考试成绩，你有没有问过自己："优异的成绩除了证明我答对了很多题，还能说明什么呢？""比起做题，我是不是还有更擅长、做得更好、更值得赞扬的地方？"

因此，比起只关注考试成绩，不妨也思考一下以下问题：

- 自己对什么感兴趣，喜爱什么？
- 你为自己的兴趣爱好付出了多少努力？
- 你利用自己的兴趣，为社会做出了哪些贡献？即便还没有贡献，你已经通过自己的努力，做到什么程度了？

我认为，更加重要的是，我们应当将目光投向这些方面，并从多个角度对自己的价值进行综合考量。

虽然对个人来说，只要我们本人能够意识到这一点并从中认识到自己的价值，就已经很不错了。但如果这个观点能够成为全社会的共识，我们或许会更幸福，也会更加珍惜和善待自己。

## 自尊感受挫后的应对措施

当自尊感受到伤害时，我们不必强行压抑即将爆发的恐惧、愤怒和渴望得到他人认可的情绪。此时应该做的是：首先，试着坦然接受这种情绪；其次，努力让自己冷静下来，倾听内心的声音；最后，冷静分析自己当前的情绪，以及产生这种情绪的原因。

想要做到与大脑的保护机能相对抗绝不容易。但养成这种思维习惯，会非常有利于我们通过人生中纷繁的经历，逐步构建起对自我的清晰认知，明白“我是怎样一个人，我想成为什么样的人”。它会支撑我们面对一次又一次成功、失败与挫折，并在这个过程中不断加深对自我的认识与了解，推动我们切实体会到人世的纷繁复杂，认识到价值评价标准的多元性。

即便是那些在童年时期未能充分培养自尊感的人，如果能从现在开始做到勇敢地面对广阔的世界、接触各种各样的价值观、拓展自己的处世经验，并不被他人的评价所左右，重视自身内心充实感与成就感的培养，同样也能够逐步建立起强大的自尊感。

所谓观察不同的世界，并不是说一定要搬到不同的国家生活。我们可以试着与自己兴趣不同的人交往，与不同行业的人交流，尝试之前不曾了解的体育活动，接触不同国籍的人……通过这些方式，为自己创造更多发掘新的价值评价标准的机会。

在我看来，即便是观看网络视频，也是创造多元价值评价标准的路径。总而言之，就是要勇于跳出自己的舒适圈、打破信息茧房，挑战自己一直以来的价值观念与思考方式。

或许即便经历了以上种种挑战，你仍然觉得自己的价值观与信念没有发生改变。那也没有关系。因为，当你了解到这些与自己不同的观念之后，就会自然而然地思考“对我而言，到底什么才是真正重要的？”并促使自己将这些思考用语言表达出来。

## 最重要的，是建构个人价值的多元评价体系

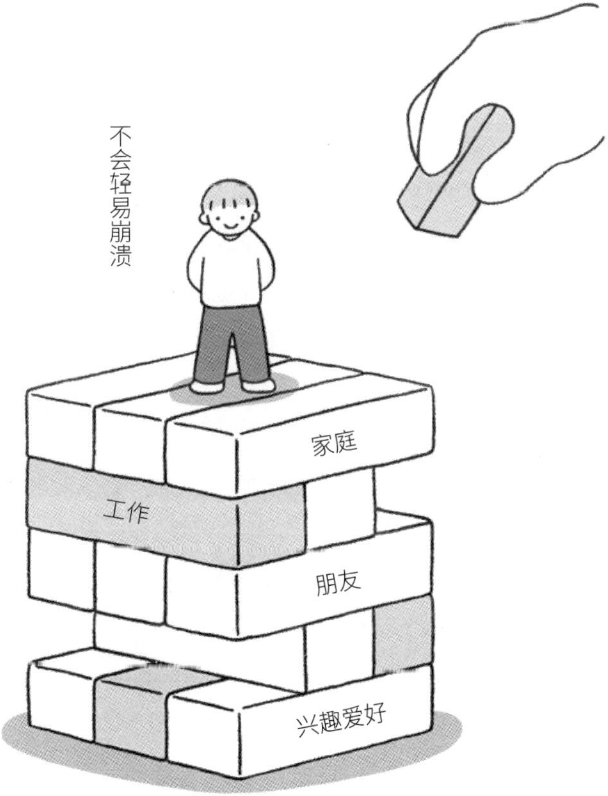

棕熊小贴士

## 将挫折当作人生加分项

关于“个人价值的多元评价体系”，我想分享一则个人非常喜欢的小故事。

故事的主人公叫陈巍，他在2022年北京冬奥会花样滑冰男子单人滑项目中获得了冠军。

陈巍曾是2018年平昌冬奥会的夺冠热门，但由于心理压力过大，他频频失误，最终与男子单滑金牌失之交臂。在那之前，他在整个赛季都保持着全胜的战绩，据说他曾经一度有过“如果不能夺冠，我的世界也将终结”之类的想法。

但经历过这次巨大的挫折后，在四年后的北京冬奥会上，陈巍的心态有了很大的转变。他坦言：“回顾整个备战和参加奥运会的过程，我一直都在全力以赴，无愧于心。所以，无论结果如何，对我来说，这个过程本身就等同于‘赢了’！”

据说，在北京冬奥会比赛期间，他把自己的手机留在了美国，而把心爱的吉他带到了奥运村。与之前“如果不能夺冠，我的世界也将终结”的想法不同，陈巍意识到比赛只是漫长人生的一部分。因此，他能以更加豁达的心态面对冬奥会，最终取得了出色的成绩。

陈巍带着吉他赴赛的故事告诉我们，勇敢地面对挫折会成为人生的加分项。它会引导我们以更强大的心态和更饱满的精神面对生活。

## 自己决定如何选择和行动，提升自主意识

“自主意识”是心理学和精神医学领域常用的一个专业术语，也叫作“自主权”。简单来说，它指的是“由自己来决定选择什么以及如何行动”的意识，即对自己的选择、行动以及结果负责，认为“它们都是属于我的”的想法。

当提到自主意识时，我想起了我的朋友长洲未来女士，她是一名花样滑冰运动员。

长洲女士在 14 岁时就取得过美国花样滑冰锦标赛冠军，并曾两次参加奥运会。她在第一次奥运会代表选拔赛中失利，之后经过不懈努力，终于在平昌奥运会上以美国女子职业选手的身份，首次成功完成三周半跳这一高难度动作，帮助团队获得了团体铜牌的优异成绩。

然而，尽管取得了耀眼的成绩，但在青年时期，长洲女士也曾有过对花样滑冰突然失去热情的经历。

当时年仅 14 岁的她，在夺得美国花样滑冰锦标赛冠军后，获得了赞助商的支持。然而，对于一个十几岁的青少年而言，既要处理好资金管理和教练选择等事务，又要保持良好的心态，几乎是不可能的事情。

当时的长洲女士，与其说是出于内心的热爱而坚持滑冰，不如说是“试着继续滑冰，结果发现滑得还挺好”。她感觉自己就像被放在传送带上一样，以“不是自己主动想做，而是不得不做”的状态在前进。在这种心态下，没过多久，长洲女士就开始反对父母的安排，与父母产生了激烈冲突。

据说当时她父母的做法是全面放手，告诉她：“是否继续滑冰，还是由你自己来决定。我们不会再接送你去参加训练了。如果你想要坚持下去，就自己想办法！”我想，作为父母，敢于将孩子的人生决定权交还给孩子，一定需要很大的勇气。而对当时的长洲女士来说，父母的这种做法，或许会令她感到痛苦和冷漠吧？

如果要在没有父母帮助的情况下继续滑冰，她就必须每天花费两小时乘坐公交车到教练那里参加训练。长洲女士纠结了一段时间，最终决定：“就算每天花两小时在路上，我也要坚持下去！”

也就是从那个时刻开始，她第一次萌发了“自己想要滑冰”的想法。自己主动选择、独立判断并为自己负责，唤醒了她的自主意识，同时也给她带来了与以往不同的动力。

带着“我要遵循自己的意愿，坚持滑冰”的信念，在那个许多年轻花滑运动员纷纷选择退出的时代，她却凭借“三周半跳”的惊艳表现，在奥运会赛场上大放异彩。她的成就与她在关键时期对滑冰事业的自主选择经历，以及她长期以来对花样滑冰的热爱，必然有着紧密的联系。

**“自己的决定和选择，是自己的事情。”**

**“我可以说 Yes，也可以说 No。”**

“我是自己人生的主角，我的人生篇章由我来执笔。”

“我坚信一定会有人能够接受和尊重我的决定。”

总之，如果能够拥有以上这样的思维模式，我们的视野就一定会变得更加宽广。

自主意识的本质是“既然是自己做出的决定，就要坚持到底”。这样一来，如果最终结果是好的，那我们就能体验到更大的喜悦；反之，如果结果事与愿违，那也应该坦然接受。

## “建议被采纳”的经历

在与孩子们的相处中，我坚持努力培养他们的自主意识。对于他们提出的建议，比如“妈妈，我想去这里”“我想吃那个”，即使我在心里认为“这应该没什么意思”“他可能不太喜欢这个”，甚至也表达了自己的想法，我也还是会尽可能帮助他们实现自己的愿望（当然，对危险的事情要坚决制止）。

这样，即使孩子们最后经历了小小的失败也没关系。因为这些经历，包括那些失败的尝试，都有助于他们自主意识的逐步培养。

“建议被采纳”的经历，可以使孩子感受到“我的意见值得被倾听”，而且能够培养其“即使失败了也没什么大不了，大部分事情都会有解决办法”的信念。

在倾听孩子的意见时，我也会有意识地让孩子感受到他在行使自主权。如在第 1 章中提到的应对不收拾房间的孩子的例子。如果我们希望孩子停止玩耍并收拾好房间，大声斥责虽然可以让孩子按照要求行动，但这终究是因为孩子害怕父母生气，而不是他们自己主动做出了收拾房间的决定。这样就不能激发孩子的自主意识。

我认为，在当今社会，人们的自主意识培养情况并不算乐观。正如之前所提到的，社会中仍然存在许多妨碍构建个体自尊感的阻力，我们的社会大环境并不利于自主意识的轻松培养。在太多情境下，我们不得不遵从别人的指挥做事。因为缺乏自主权，我们不得不活在他人设定的评价体系里，做着被他人评价的事情。最后，就形成了“只要完成别人要求的任务就可以了”的心态，丧失了自主意识。

我之前认识的一位女性朋友就经历过这样的事情。她生完孩子、休完产假后不久，单位领导就通知她：“你有孩子了，还是调到 ×× 部门更方便一些。”可是，她明明是当时所在部门中表现最出色的员工。同样是“岗位调动”这件事，如果我的这位朋友不是因为领导的要求，而是出于自己对另一个部门工作的兴趣，或者她想要尝试不同的工作方式，而主动提出了调换岗位申请，才可以说是一个“发挥自主意识”的事例。

在当今社会，人们能够思考“自己到底想要什么”的机会太少了。那些本该由我们自己掌控的事情却受他人左右，导致自主意识、自主权也渐渐消失了。

为了保护我们珍视的事物，请自己来为自己的事情做出决定。这样，在日后我们面对结果时，心态也应该会有所改变。

你一定在生活中有过类似的苦恼：面对不如意的结果，会回想之前自己做过的错误决定。但当你意识到木已成舟，再怎样复盘也不能改变已经发生的事时，便可能会愤怒地抱怨："都怪当初选择了……"如果确实如此的话，那或许是因为你在这件事中没有感到自己发挥了自主意识。我们培养自主意识的意义，就在于面对各种自己做决定后产生的结果，都可以凭借"一切都是我自愿的选择"的信念，使自己脱离"懊悔"的苦海。

## 不说话的勇气

强大的自主意识给我们一种"可以清楚地表达 Yes 或 No""勇于尝试新挑战"的印象。然而，即便选择"什么都不说""什么都不做"，也同样是自己做出的决定。有了这样的认识，我们事后就不会陷入"我当时什么都没说”“我并没有做出自己的选择”的自责中，而是维持“一切都是我自愿的选择”的良好心态。

另外，我还想补充一点。虽然我们提倡在任何时刻都保持“靠自己力量改变现状”的意识，但如果将其误解为“全部都是自己的责任”，反而会加重我们的心理负担。因此，请在发挥自主意识的同时，注意平衡好内心的压力，避免承担过多的责任。只有这样，我们才能真切感受到自己正走在属于自己的人生大道上。这种由自己做主的生活，会极大提升我们人生的满足感与内心的安宁感。

## 珍视自己拥有的一切

棕熊小贴士

## “我的感受应该被看到”

在这里，我想介绍一个沟通方法，我们称为“我认为”表达法。这种方法以“我”作为主语阐述意见，比如“我认为……”当我们在某件事中处于劣势，但又希望以建设性的方式说服对方接纳自己的想法时，这种方式会非常有效。所以，试着将“我”作为主语，清晰地表达出“我有……的想法”“我感到……”

比如，当我们被某个人的言论刺痛时，不要使用“你这么说太过分了！”之类责备对方、以对方为主语的表述，而应该采用类似“我被你的这句话伤害了，感觉有些难过”的表达方式。即从主观视角出发，表达个人感受。

我在美国的大学里做实习医生的时候，曾受到过辅导老师的学术霸凌。那时，我主动创造机会与辅导老师沟通，表达了以下想法：“在您的指导下，我总是感到很痛苦。虽然我的能力确有不足，但您的一些言行让我产生了被霸凌的感受。我认为辅导老师与实习医生的关系应该是，实习医生不给辅导老师增添额外的负担，并可以获得辅导老师的专业指导。所以，如果为达成这个目标需要做出什么改变的话，请您指出来。我一定会积极配合！”

第 4 章

# 从细节呵护自己的 20 个方法

在前 3 章中，我们已经认真了解和学习了应对日常心理危机的思考方法和行动策略。相信通过反复练习，很多之前会影响我们心态的麻烦都能够迎刃而解。

然而，在生活中，我们还是会经常遇到一些让自己无法从容应对的意外事件，陷入“好焦虑，压力好大，真想赶紧翻篇儿！”的内心挣扎中。因此，如果能够掌握一些灵活的方法，及时发现可能成为心理危机导火索的信号，并将其扼杀在萌芽之中，我们的生活应该会变得更加美好。

本章将介绍许多在上述状况下能立刻派上用场的“从细节呵护自己”的方法。这些方法有的具备科学依据，有的则是“虽然没有理论支撑，但实践检验有效”的经验之谈。我想，阅读时你可能会发现这些小想法或行动策略“不错！言之有理！确实如此！”或者感慨“照这么说，这还真是我平时忽略的方面呢！”

请阅读接下来的内容，其中包含许多轻巧而实用的思维方式和行动建议，选择适合自己的方法尝试一下吧！

# 爱自己的心态

## 爱自己

近年来，“爱自己”这个概念越来越常被大众提及。这说明，人们开始逐渐意识到：在这充满挑战与困境的社会中，没有什么比重视自己、珍爱自己更重要。所以，当我们遭遇失败、感到“压力山大”，或沉浸于消极情绪中不能自拔时，请像关心自己最珍视的朋友一样，安抚一下自己：

“没关系的！”

“我已经做得很好了！”

“下次我一定能做得更好！”

“没什么大不了的，别担心！”

……

我们可以在心中将安慰的话默默讲给自己听，也可以像与别人对话一样，把话讲出来。

当你心中涌起自责的情绪时，比如“我怎么连这点儿小事都做不好？！”“我真是个只会偷懒的废物！”要及时对自己说：“不是你想的那样……”爱自己的心态可以帮我们将这些消极情绪一一打消。

因此，请学会爱自己。我们可以从肯定自己，试着告诉自己“温柔地对待自己吧！”“我要照顾好自己！”“我是值得被关爱的人！”开始。

## 利他人

当我们善待他人时，自己也会收获快乐及内心的安宁。这种现象在心理学中被称为“利他”。从脑科学的角度来解释，当我们看到他人开心的样子，感到自己对他人有所帮助时，这种体验能够缓解我们的消极情绪。

在生活中，我们有很多机会可以温柔地对待他人、帮助他人，比如，我们可以试着夸赞身边的人：“我觉得你的 ×× 特质真值得我学习！”或是向对方表示感谢：“那时候，多亏了你能帮助我！”

另外，如果我们能经常把关注点聚焦在别人身上积极的一面，自己自然也会收获更多积极的情绪。因此，当我们想起身边的人或喜欢的人时，不妨多想想“我喜欢他的 ×× 方面”，这样，我们自己也会感到充满活力。

## 受欢迎不是你唯一的价值

年轻人往往容易将“受人欢迎”等同于“个人价值高”。在这个社交媒体普及的现代社会，人们拥有更多的机会展示自己，却也更容易陷入这种思维误区。于是，当孤独感袭来时，人们就会悲观地认为：“没有人喜欢我，我真是一个没有价值的人。”

被人喜爱、受人欢迎，确实是一件积极的事。但这也只是衡量个人价值众多方面中的一个要素而已。因此，一个人是受欢迎也好，经常独处也罢，都与他本人的价值高低没有关系。事实上，一些名声在外、备受瞩目的人，在生活中也可能缺少幸福感，甚至会感到孤独。

如果我们把评判自己价值的权力完全交给别人，一旦无法达到对方的评判标准，我们就会感到很痛苦。另外，由于外部评判标准容易变化，每当其改变时，我们都有可能被左右，从而再次陷入痛苦。

自己的价值，自己说了算！

重视成就感、充实感等内在评价因素，是保持心情舒畅的秘诀之一。

## 把意识转向“联结”

当我们感到孤独时，可以有意识地将思绪转向那些曾出现在自己生命中的人、事、物与自己的“联结”上。

比如，想想学校的老师、曾经心动过的人、自己养过的猫、过世的祖母……是什么不重要，去回忆才是重点。总之，试着回忆一下对我们很重要的存在。或者也可以想想那些虽然不算亲密，但总在便利店遇到的收银员、家附近公园里嬉戏玩闹的孩子们、常负责给家里送货的快递员……那些就在我们身边的人。

当我们感到自己生活在与各种人、事、物的联结之中时，内心的孤独感就会有所消减。

随着当今科技的发展，聊天软件已得到人们的广泛使用，虽然这些软件还不能完全满足维系人际关系的全部要求，但确实可以作为我们与他人进行联结的便捷工具。所以，请在自己觉得舒适的范围内，积极灵活地运用它们。

# 呵护心灵的思考方法

## 远离不喜欢的事物

远离自己不喜欢的事物是一个很简单的道理。我们甚至可以将其用语言描述出来，比如“做这种事让我觉得自己很没有价值”。通过这种方式，我们更容易马上判断出是否需要远离。

在纸上写出来，或者跟他人倾诉，有利于帮我们把握“到底是哪些关键点对自己产生了触动”。当我们逐渐了解自己不喜欢哪些事物后，不仅可以避免自己被别人伤害，还能够更及时回避那些我们不喜欢的事物。这是指引我们生活得更好的重要技能。

## 接受“自己做不到”，采用现实性思维

对于那些我们不一定能做到的事情，要能够坦然接受自己“可能做不到”，这很重要。

当心态不稳定时，即使是从现实角度出发去思考这样简单的事情，也变得格外困难。然而，一旦我们从心底接受“我可能做不到”这一事实，在工作中，我们便能坦然告诉领导：“我可能完成不了这个任务，能再给我一点时间吗？”或者寻求同事帮助：“你能帮我完成一部分工作吗？”在家时，可以让伴侣分担一些家务，也可以让孩子帮忙做一些力所能及的事情，有时我们会意外地发现，有些事情孩子们自己也能够完成得很好。

当我们陷入烦恼的旋涡，沉浸在“该怎么办”的焦虑心情中时，往往很难将注意力集中于现实的目标和过程上。“要是没能完成承诺的任务就太丢人了”的情绪会扰乱我们的心境，导致我们只盯着理想的计划而脱离现实。

当我们对未来茫然无措、惴惴不安，对未知事物产生消极情绪时，让自己进行“现实性思维”也会很有帮助。基于确切的事实、数据和依据，逐一进行判断，采用“现实性思维”。这样，我们就能获得脚踏实地的安心感。

## 接受“自己做不到”，划清界限

如果我们能够理智地接受“自己可能做不到某事”的事实，就能够事先划清“做得到的事”与“做不到的事”之间的界限。以这种灵活的态度面对任务时，我们只需专注于完成能力范围内的部分，压力自然随之减轻。比如，我们可以试着这样想：“今天就干到这儿，不用把全部工作都做完”“今天我要在 ×× 点结束工作回家。”给自己设定一些明确的节点或分界线。

当我们实在太累的时候，可以试着将手头的任务按优先级排序，确定哪些是现在必须完成的，然后，集中精力把这些任务完成。这样一来，比起“这个还没做”，“我好歹已经做完了这些”多少会有些成就感。

当我们设定好界限，并按计划完成任务后，心里便会产生积极反馈：“虽然我今天状态不好，但还是完成了计划”“尽管没有完成全部任务，但至少完成了最基本的部分”。

## 把“成功经历”变成推动自己的工具

人们总是对自己的失败经历和痛苦感受耿耿于怀，而容易忽视自己的成功经历和美好瞬间。然而，我们过去的经历，其实是自我激励的强大工具。当我们的内心开始出现自我否定的情绪，或是对自己的能力不安时，有意识地引导自己回忆曾经的成功经历，哪怕再微小，也能给我们鼓舞。

我认为，将自己过去的成功经历或奋斗历程，以及通过不懈努力后终于实现目标的事情用文字记录下来，也是非常有用的。

通过回忆过去的美好经历，我们也许能够产生“我曾经那般努力过呀”“回头看看，我也有过许多顺利的时刻呢”等感受，就会对自己更加自信，推动自己努力向前。

## 安抚情绪的行动

### 深呼吸

如果想要缓解内心的不安或焦虑，可以尝试做一下深呼吸。这个方法随时可行，简单有效，而且它的缓解效果被许多研究证实，是一个值得信赖的科学方法。

我经常这样做深呼吸：先慢慢吸气，然后屏住呼吸，最后再缓缓吐气，每个动作持续 4 秒。我们在吸气时，可能会忍不住想要深吸一口，而呼气相比之下更容易控制节奏。所以，有意识地控制自己缓慢呼气会更容易实现一些。

### 分解庞大的任务

当要做的事情太多，或者被布置了大量任务时，我们就会因为不知道从哪里开始而感到焦躁不安。遇到这种情况，我们可以试着将庞大的任务分解成一个个小任务。在英语中，这种方式叫作 breakdown，即分解。但我想强调的是，分解后的任务还需按优先级排序。这时候，重要任务的优先级自然会排在前面。但也不能一概而论，选择将那些简单任务优先完成，也是一种不错的方式。因为当我们从那些“很快就能做完的事”“做起来很简单的事”入手时，就会不断产生“完成了一项……又完成了一项”的成就感，原本的焦虑感也会慢慢消失。

## 适时安排休息

当我们感到自己已被消极情绪包裹时，如果想先把问题放一边，这时，不用硬着头皮勉强自己去面对。有时候，一些小小的消遣就能令我们从讨厌的消极情绪中挣脱出来。比如，去户外呼吸一下新鲜空气，或者吃点甜食，喝咖啡时多加些牛奶和糖。总之，我想强调的是，请一定给自己一点休息的时间，哪怕时间很短。在休息时，犒劳自己一点美食补充能量、做一些可以使内心安宁的事情，会让我们感到心情愉悦。

## 沉浸于喜欢的事物

当我们感到心灵疲惫不堪时，可以试着让自己沉浸于喜欢的事物。比如，去喜欢的地方、吃喜欢的食物、重新看一遍喜欢的电影然后回家……哪怕用一整天的时间来享受各种各样你喜欢的事物也是没问题的。当然，只做一件事也行，比如给自己喜欢的影视作品排排序、专心看自己喜欢的小动物的视频等。

不过，可能在做了以上这些事情之后，你仍然没有什么触动，也没有劲头去做曾经感兴趣的事情。这时，你应该意识到这是自己内心状态的确很糟糕的信号。我认为，如果遇到这种情况，你应该让自己的身心好好休息一下，或者向专业人士寻求帮助。

## 让身体动起来

据说运动可以放松身心、改善睡眠质量、增强体质。通过慢跑、跳舞、拉伸等运动来激活身体，会使人们感到神清气爽，摆脱消极情绪。

我很喜欢运动，如果有 45 分钟的空闲时间，我会拿出 30 分钟进行慢跑。总之，只要我一有空闲，就会安排大部分时间去做运动。

我认为，做运动会给我们一种“在自己身上花时间”的良好感受。运动结束后，注意力会更容易集中，自然就能够更加高效地处理其他事情。

## 找个人交流

“找个人交流”是一个非常不错的自我疗愈方式，不过单凭我们自己没有办法完成。

当我们感到内心苦闷时，可以试着找兴趣相投的人或者价值观一致的人随便聊一聊。这样，即使我们不去倾诉心中的烦恼，内心也会得到满足感。

交流并不局限于面对面的方式，打电话或者网络聊天同样也能达到沟通的目的。比如，新手父母们在凌晨因为宝宝夜哭而不得不起床安抚时，可以通过网络或者电话相互交流、相互鼓励和打气。这种情况下，哪怕人没有面对面交流，也能够感受到相互之间的鼓励和支持。

### 不让消极的一方主导对话

当我们与一个爱抱怨或消极话题多的人交流时，尽量不要让对方将对话的主导权夺走。

一旦这个人开始讲别人的坏话，我们可以应付道："啊，还有这么个事儿啊。"然后接着用"话说回来，大家知道那件关于 ×× 的事吗？"等方式，巧妙地将话题引到别的方向。

要清楚，我们完全可以凭自己的力量去营造一个充满积极氛围的环境。因为，努力缩短让自己感到不舒服话题的时长，也是“珍惜自己的时间”的体现。

## 记录自己的心情

当遇到讨厌的事物、感到烦恼时，可以试着将自己的心情用笔记本记录下来。

如果老在头脑中反复思考那些烦心事，我们会感觉头都要炸了。所以，试着将烦恼写下来，给我们的大脑腾出点空间。这样，当我们过后想要梳理和调整情绪时，只需要打开笔记本，就可以立刻回忆起当时自己到底在想什么。“记录心情”可以给大脑传达一种“不必一直纠结这些事”的信号，从而为大脑减轻些负担。

而且，将心情写下来，还可以顺便帮助我们厘清当时的状况，找出烦恼的根源；在做记录的过程中，我们能够更冷静地思考接下来该如何行动，也会产生更多的积极情绪；等到过后我们重新翻阅这些记录时，我们会更容易发现自己偏向于使用怎样的思考模式，以及容易产生哪些认知偏差。

写日记与记录心情有着异曲同工之妙。而且，由于日记不需要向任何人展示，它可以成为一个让我们卸下伪装、坦诚面对自己情绪的空间。在网络上，我们也可以设置一个仅自己可见、设有密码的空间来写日记。

## 积极从事擅长的事情

去做一些自己擅长的事情，是人们产生自我否定或者丧失自信时的一种积极的应对方式。通过有意识地做自己擅长的事情，寻找能够给予我们积极评价的场合，或者可以发挥我们能力的场所，这样我们就可以重新感受到“自我价值”。

以我自己为例，我从小学习舞蹈，尤其擅长跳弗拉门戈舞。所以，每当我感到郁闷时，我常常会跳一段拿手的弗拉门戈舞，从而找回自信。

另外，我认为所谓“擅长的事情”，并不一定必须是工作之外的兴趣爱好。也就是说，擅长的事情也可以与工作相关。比如在职场中，我们可以和其他部门的同事保持良好的关系，或者在自己能做出贡献的领域或项目中积极发言等。总之，“积极从事擅长的事情”意义在于：我们能用积极的行动提醒自己“我有价值”。

## 放空 15 分钟

我们的行为可能会被内心的不安或愤怒等情绪主导，此时，我们可以试着制定一个“15 分钟内什么也不做”的法则。

比如，当暴发大规模流感时，我们可能会不停地在网上搜索流感的相关信息，或者看到公众号的相关推送，也不管会不会是谣言就直接转发给家人等自己珍视的人。这是因为当人产生不安等消极情绪时，会尽可能采取行动摆脱这种情绪。这是我们的生存本能。但就像我在引言中所说的那样，人类大脑保留的一些古老的生存本能，常常会让我们在现代生活中产生一些误解。遇到这种情况，不妨试着让自己放空 15 分钟，等情绪稍微平复一些再行动。那么，这 15 分钟该怎么度过呢？我们可以出去慢跑一会儿，可以听听自己喜欢的音乐，可以吃点好吃的东西等。总之，要尽力克制自己，不要做那些被不安所主导的行动。

但是，像遇到家暴之类的情况，就另当别论了。这就属于那种所谓需要瞬间判断出“战斗还是逃跑”的时刻，需要我们立刻采取行动。

总的来说，在现代社会，我们应该学会衡量自己当下的状况是否真的需要在“战斗还是逃跑”之中做出抉择。如果并没有关系到生死存亡，那么暂时搁置一小段时间再行动，我认为是很有必要的。

## 寻找能给自己力量的人

我在此处想要介绍的这个方法是搜索并找出（seek

out），即有意识地找到那些能给自己带来积极影响、和自己价值观相符或对自己有正面影响的人，并努力创造机会与他们相处。特别是当我们感到自己在所处的环境中陷入僵局时，更应该努力寻找在这个环境内外，能够给予自己力量的人。

### 好好吃饭，保证睡眠

当我们了解自己在哪些情况下倾向于感情用事后，就应该努力在事前尽量控制自己，不要走入误区。

比如，当我发现自己在饥饿时容易烦躁后，在去幼儿园接孩子放学之前，我都会先吃点东西垫垫肚子，防止自己因饥饿而变得易怒。同样地，当我们发现自己最近入睡困难，就不必强求自己必须在前一天晚上的某个固定时间入睡。总之，为了能够尽可能愉快地生活，我们需要事先积极做好预防措施。

棕熊小贴士

## “我的价值应该被看到”

就像前文所写的那样，我用“我认为”的方式表达出了自己的想法。

至于最后情况是否得到了改善呢？老实说，实际上并没有太大变化。甚至从长远来看，似乎还变得更差了点儿。毕竟在“辅导老师与实习医生”这种力量对比明显失衡的关系中，弱势的一方想要改变自己的境况还是挺困难的。

但是我认为，能够为了保护自己而采取行动，并且不是以争吵的方式攻击对方，而是能够冷静地与对方对话，这成为了我成长的一个重要机会。

我并非认为“遭受霸凌”是我们的成长机会，没有这种经历肯定是最好的。但是，当我们与他人发生矛盾，并想要给自己一些勇气时，我认为有意识地尝试使用“我认为”的方式来表达自己的观点非常有用。

顺便说一下，如果我们不幸遭到了霸凌，及时采取自我保护措施是十分重要的！比如，当我们感到“自己没有被尊重”时，更要努力善待自己，要坚定地告诉自己：“我是应该被尊重的，我是有价值的。”我们可以回想一下自己得到重视的场景，比如自己当时积极发言、积极做出贡献的样子。总之，要有意识地引导自己发现自身的价值！

# 从“战斗本能”到“共处智慧”

对于那些感到“怎么都无法驱散心中阴霾”，以及被不明原因的苦闷所困扰的人们，如果能够找到自己产生消极情绪的真正原因，从而采取正确的方式与之共生，并能积极地生活下去，那就太好了！正是抱着这种强烈的愿望，我满怀热情地将自己所能够提供的全部自我疗愈技巧融入本书，希望能对大家有所帮助。

我想再强调一下，本书所讲述的全部内容中，最重要的一点是：在心情烦闷的时刻，试着认真体察自己内心的真实状况，然后尽可能用语言将其描述出来。当我们这样做之后，应该就会产生“原来我现在是这样一种感受”或者“如果我这样想就好了”等想法。我想，在看到自己烦闷内心表象下的真面目之后，我们自然就会豁然开朗，一直以来困扰我们的苦恼情绪也会减轻不少，心中的怒火也会骤然削弱。

正是怀着这样的信念和愿望，我写下了本书。

如果你能在读完本书后，一下子有了顿悟的感觉，并真切意识到“原来这就是‘情绪监测’的真正意义啊！”那真是太幸运了！但还是希望你谨记：知易行难，本书所谈到的方法和技巧，说起来可能很简单，但实际操作起来却不容易。所以请一定试着在现实生活中反复练习。

而且，情绪这种东西，也不是我们说一句“给我冷静点！”就能立刻平复的。因此，当我们刚开始尝试各种调节情绪的方法时，做得不是很好也很正常的，完全没必要气馁。

我在书中给大家提供了许多建议，但你不必立刻将每一条建议都落实到行动上。你可以先从中选择一两条适合自己的，并试着在生活中应用它们。我相信，哪怕仅仅做到这些，你在困境下的心态也会较之前产生不小的转变。

还是那句话，熟能生巧，我们没必要把“完美”当做每次练习的目标。因此，如果你感到“我尝试将心情往积极的方面引导了，但好像并没有什么作用”时，请先不要自责。你可以换一种方法再试试。就在这样反复的尝试与练习中，逐渐找到最适合自己的方式。

上述内容，属于“自我照料”（self care）的基本原则。比如，运动员为了能够更好地参加比赛，需要照料好自己的身心。

自我照料的方式多种多样。比如，告诉自己“我是有价值的”“这样做没关系”或者对自己说：“现在先不要考虑这件事了。”让大脑休息一下。自我照料并不是一蹴而就的，我们可以慢慢地、一小步一小步地去实施。你可以一边肯定自己，给自己鼓气说：“我能把自己照顾好。”一边逐渐学会自我照料。

但请注意，自我照料并不仅仅意味着休息。当然，休息是很有必要的，但是积极地分析自己的情绪，想一想：我感觉到了什么？这种情绪背后，我有着怎样的思维和类似经历？接下来我应该采取什么样的行动？像这样一步步地进行情绪监测，尽可能让自己的情绪向积极的方向转变，也是进行“自我照料”的方式。

所以，亲爱的读者朋友，即便遭遇失败，即便需要等情绪平复之后才能开始，也请务必尝试练习“情绪监测”！直到有一天，你会发现，“情绪监测”已悄然成为你的一种生活习惯。到那时候，就算心理危机再次侵入你的生活，就算心中又开始风起云涌，你也能够心怀阳光，拥有坚定前行的力量！

# 致读者：一场与自我内心的对话

于冠群

当今社会，无论是经济低迷的长期压力，还是快节奏生活下的普遍焦虑，心理健康问题已成为人们不可忽视的议题。然而，当前针对情绪管理和心理调节的科普作品，大多停留在理论层面或流于碎片化的建议。这本书由日本小儿精神科医生内田舞博士撰写，以“情绪评估”为核心，通过系统性方法论和情景化案例，将复杂的心理学概念转化为日常可操作的实践指南。作为一名有着一定心理学专业知识的日语专业毕业生，初次接触这部作品，我便被其严谨的科学态度与温暖的人文关怀所打动。本书融合了脑科学、心理学与临床医学等领域的知识，为现代人应对情绪困扰提供了切实可行的策略。作者不仅以专业医生的身份剖析情绪的本质，更以母亲和普通人的视角分享生活经验，这种“学术”与“共情”的结合，正是本书最动人的特质。正是这种“科学落地于生活”的实用性，促使我决定将其译为中文，希望能为当今社会提供一剂应对心灵危机的良方。

本书虽然涉及大量心理学和脑科学专业术语，但作者内田舞博士的行文却能够做到兼具学术性与亲和力。她既以医生身份引用磁共振成像技术的研究成果，又以母亲身份分享育儿心得。为还原这种双重特质，我在翻译过程中尽量避免使用过于生硬的学术语言，同时注意保持逻辑的严谨性，并根据需要补充说明其心理学内涵，如此一来既能保留原意又便于读者理解。我尽量保留原文中的语气，保留原文的鲜活感。

原作中的案例与表达带有鲜明的日本社会文化色彩。例如，使用“鳄鱼部长”的形象来比喻严厉的上司，这一形象在日本职场文化中极易引发共鸣，但对中国读者而言可能略显陌生。对此，我在翻译时尽量保留原比喻，同时通过上下文的衔接引导中国读者去理解这种文化现象。此外，书中提到的类似于“日本女性倾向于压抑情绪”的现象，因在中文语境中同样存在类似的社会压力，自然无须过度调整。书中还有“摆脱焦虑情绪自助表”“跳出认知偏差自助表”等工具，是读者实践情绪管理的关键，在翻译时也做了使其符合中文阅读习惯的技术处理。

在本书中，作者强调“自尊感”和“自主意识”是情绪健康的基石，例如，书中呼吁“不必讨好领导”“接纳自己的嫉妒”，这类观点在强调“顾全大局”的社会氛围中似乎显得有些突兀。但在翻译时，我坚持遵从原文，保留了这种“冲突感”，希望能借此激发读者对自我价值的深层思考。

尽管社会文化背景不同，但在心理健康领域，当今时代中日两国的人们却均面临相似的挑战：职场压力、育儿焦虑、过度内耗……书中“面对脾气差的领导”或

“孩子不听话”等案例，几乎能直接映射中国读者的日常。这种跨文化的共鸣，印证了情绪问题的普遍性，也让我意识到本书的普世价值。

翻译本书的过程，也是一次自我疗愈的旅程。作为译者，我有以下感悟与启示，写与各位读者共享：

**1. 情绪管理的本质是自我觉察。**作者反复强调“不否定情绪”“全然接纳感受”。这让我意识到，许多心理问题的根源并非情绪本身，而是对情绪的抗拒。例如，我曾习惯于在焦虑时责备自己“不够坚强”，而书中“情绪监测四步法”教会我：要将焦虑视为信号，而非敌人。这种视角的转变，正是走向心理健康的核心。

**2. 科学与人文的交融是实现作品现实性的重要路径。**内田舞博士作为脑科学家与精神科医生的双重身份，使本书既扎根于神经机制的解释，又充满人性温度。例如，她通过“杏仁核与前额叶的互动”解释恐惧反应，随即又以“穿玩偶服的熊”比喻现代人的心理危机，这种“硬科学”与“软比喻”的结合，让复杂理论变得生动可亲。这使我认识到，翻译不仅是语言的转换，更是思维方式的传递。

**3. 心理健康具备“长期主义”的特质。**书中没有承诺“立即见效”的捷径，而是强调“慢慢练习，逐渐内化”。这种“长期主义”的态度，在普遍追求速成和效率的时代显得尤为珍贵。例如，作者坦承自己也会因疲惫而对孩子发火，这种真诚的分享，能够有效消解读者的完美主义焦虑，让人们更容易接纳工作和生活中的不完美。

**4. 将本书知识应用于实践锻炼是实现本书现实意义的重要步骤。**需要提醒各位读者的是，本书并非传统意义上的“心理自助书”，而是一本需要读者亲身参与的“练习册”。它要求我们放下“必须立刻变好”的执念，转而以观察者的姿态，耐心梳理情绪的脉络。无论是填写“摆脱焦虑情绪自助表”，还是实践“日常生活中的正念训练”，这些行动的本质，都是开启一场与自我的深度对话。

对读者而言，书中某些建议可能显得有些“理想化”，但正是这种理想化，为我们提供了反思现状的契机。我们不必全盘照搬方法，而应结合自身文化背景，找到平衡点。例如，在“尊重领导”与“表达自我”之间，可以学习书中“专注于工作”的策略，将注意力从人际纠葛转向能力提升。

本书的翻译过程，离不开师长们和湛庐编辑团队的指导与支持。特别感谢马晓婧编辑对我翻译工作的认可和对专业术语的反复校订，尤其是对部分心理学概念的本土化建议让我深受启发。同时，感谢我的导师张强博士在日语表达与学术规范上的悉心指导，感谢我的父母对我耐心的鼓励和支持。

最后，我想再次告诉读者：这本书不仅是一部心理科普作品，更是一份对现代人的深切人文关怀。它告诉我们：情绪无须战胜，只需聆听；人生不必完美，只需真实。愿本书的每一位读者，都能在阅读本书的过程中，找到属于自己的“心灵处方”，在错综纷扰的世界里，构筑起一座安顿身心的坚实港湾。

# 未来，属于终身学习者

我们正在亲历前所未有的变革——互联网改变了信息传递的方式，指数级技术快速发展并颠覆商业世界，人工智能正在侵占越来越多的人类领地。

面对这些变化，我们需要问自己：未来需要什么样的人才？

答案是，成为终身学习者。终身学习意味着永不停歇地追求全面的知识结构、强大的逻辑思考能力和敏锐的感知力。这是一种能够在不断变化中随时重建、更新认知体系的能力。阅读，无疑是帮助我们提高这种能力的最佳途径。

在充满不确定性的时代，答案并不总是简单地出现在书本之中。“读万卷书”不仅要亲自阅读、广泛阅读，也需要我们深入探索好书的内部世界，让知识不再局限于书本之中。

## 湛庐阅读 App：与最聪明的人共同进化

我们现在推出全新的湛庐阅读App，它将成为您在书本之外，践行终身学习的场所。

- 不用考虑“读什么”。这里汇集了湛庐所有纸质书、电子书、有声书和各种阅读服务。
- 可以学习“怎么读”。我们提供包括课程、精读班和讲书在内的全方位阅读解决方案。
- 谁来领读？您能最先了解到作者、译者、专家等大咖的前沿洞见，他们是高质量思想的源泉。
- 与谁共读？您将加入优秀的读者和终身学习者的行列，他们对阅读和学习具有持久的热情和源源不断的动力。

在湛庐阅读App首页，编辑为您精选了经典书目和优质音视频内容，每天早、中、晚更新，满足您不间断的阅读需求。

【特别专题】【主题书单】【人物特写】等原创专栏，提供专业、深度的解读和选书参考，回应社会议题，是您了解湛庐近千位重要作者思想的独家渠道。

在每本图书的详情页，您将通过深度导读栏目【专家视点】【深度访谈】和【书评】读懂、读透一本好书。

通过这个不设限的学习平台，您在任何时间、任何地点都能获得有价值的思想，并通过阅读实现终身学习。我们邀您共建一个与最聪明的人共同进化的社区，使其成为先进思想交汇的聚集地，这正是我们的使命和价值所在。

**图书在版编目（CIP）数据**

与情绪棕熊温柔相处 / (日) 内田舞著；于冠群译. 北京：中国纺织出版社有限公司, 2025. 5. -- ISBN 978-7-5229-2722-0

Ⅰ. B842.6-49

中国国家版本馆CIP数据核字第2025HR1400号

---

责任编辑：关雪菁　李文潇　　责任校对：王花妮

责任印制：王艳丽

---

中国纺织出版社有限公司出版发行

地址：北京市朝阳区百子湾东里 A407 号楼　邮政编码：100124

销售电话：010—67004422　传真：010—87155801

http://www.c-textilep.com

中国纺织出版社天猫旗舰店

官方微博 http://weibo.com/2119887771

定州启航印刷有限公司印刷　各地新华书店经销

2025年5月第1版第1次印刷

开本：880×1230　1/32　印张：5.5　插页：1

字数：80千字　定价：79.90元

---

凡购本书，如有缺页、倒页、脱页，由本社图书营销中心调换